Karin Joachim

Mit meinem Welpen die Welt entdecken

Fit fürs Leben drinnen und draußen

Ulmer

Service

Ein bisschen Theorie

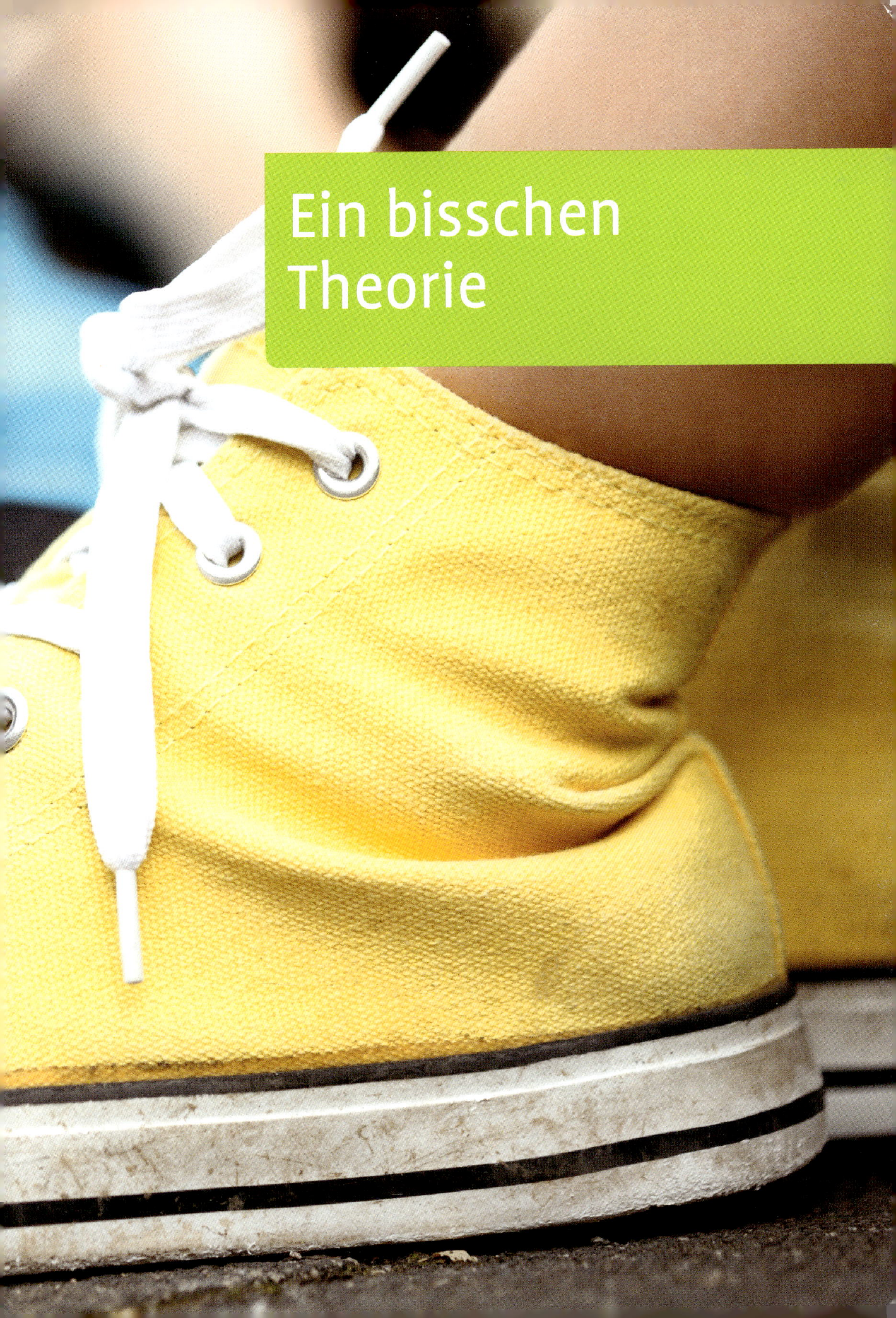

Für ein besseres Verständnis

Um dem vierbeinigen Neuankömmling ein starker, verlässlicher Partner sein zu können, ist das Wissen darüber, wie ein Welpe lernt, die Welt wahrnimmt und was er fühlt, wichtig.

Was ist Sozialisation?

Viele Lebewesen, die in Gemeinschaften leben, müssen die Regeln des Zusammenlebens erst erlernen und die Umwelt, in der sie zukünftig leben werden, kennenlernen. Das ist durchaus sinnvoll. Den Prozess des „Hineinwachsens" in die Umwelt und die sozialen Regeln und Gegebenheiten meint man, wenn man von Sozialisation spricht.

Die Sozialisation des Hundes umfasst die Kommunikation mit Artgenossen, anderen Tieren, dem Menschen sowie das Kennenlernen von Umweltreizen. Umweltreize sind beispielsweise unbelebte Gegenstände, Geräusche, optische Eindrücke.

Bei der Begegnung mit Artgenossen erfahren Hunde, welches Verhalten bei den anderen gut, welches weniger gut ankommt. Halten sie sich an die Spielregeln, dürfen sie mitspielen, wenn nicht, zeigen ihnen die anderen, dass das so nicht geht. Und da sie nicht alleine dastehen wollen, tun sie alles dafür, dass man sie wieder mitspielen lässt. Deshalb brauchen gerade Hundewelpen ausreichend Kontakt mit Artgenossen.

Hunde leben aber nicht nur mit Ihresgleichen zusammen, sondern auch mit uns Menschen. Da gibt es wieder anderes zu lernen. Verhaltensweisen, die unter Hunden „lustig" sind, finden Menschen gar nicht toll. Da wir Menschen kein dickes Fell tragen, schmerzen uns die Welpenzähnchen richtig, wenn sie sich in unsere Haut bohren. Das muss der kleine Abenteurer ebenfalls wissen. Wenn Sie mit Ihrem Welpen spielen, spazierengehen oder kuscheln, beobachtet er Sie genau: Kann er sich in heiklen Situationen auf Sie verlassen oder sind sie selbst ängstlich? Orientiert er sich an Ihnen, kann er ein gelassener, cooler Typ werden oder zu einem Hasenfuß heranreifen.

Sie werden in diesem Ratgeber zahlreiche Praxis-Tipps dazu finden.

Die hundliche Umwelt und die menschliche Umwelt sind heutzutage, zumindest in westlichen Gesellschaften, fast deckungsgleich. Zur Hundeumwelt gehören quietschende Straßenbahnen, brummende Motoren, scheppernde Einkaufswagen, Gitterroste und Asphaltwege, klingelnde Handys ... Diese Reize muss der junge Hund nun erst einmal kennenlernen, um später in dieser Umwelt angstfrei leben zu können. Aber

Aha!

Was ist Sozialisation?

Wie das Lernen ist die Sozialisation eine Auseinandersetzung mit der Umwelt. Auch wenn es bestimmte sensible Phasen gibt, so ist die Sozialisation ein lebenslanger Prozess.

Spielen macht Spaß, es herrschen aber trotzdem schon Regeln.

bitte nur wohldosiert, damit er nicht überfordert wird. Wie das klappt, erfahren Sie in den nächsten Kapiteln.

Entwicklungsphasen

Menschen und höher entwickelte Tiere, zu denen auch Hunde zählen, lernen ihr Leben lang. Jedoch gibt es im Leben unserer Vierbeiner Phasen, in denen sie besonders schnell lernen, Umweltreize besonders intensiv verarbeiten. Sie benötigen viele Erfahrungen, damit ihr Gehirn reifen kann und sich bestimmte Fähig- und Fertigkeiten überhaupt erst entwickeln können. Lebewesen durchlaufen oft mehrere Entwicklungsphasen, so auch unsere Hunde (siehe Tabelle Seite 8). Eine besonders wichtige Phase endet bei Hundewelpen zwischen der 12. und 16. Lebenswoche. In dieser Zeit lernt der noch junge Vierbeiner schneller, bestimmte Nervenverbindungen im Gehirn bilden sich nur, wenn er bestimmte Reize überhaupt kennenlernt. Deshalb ist es wichtig, Ihren Kleinen nicht in Watte zu packen, sondern mit ihm die Welt zu erkunden, ihm eingehende Umwelterfahrungen zu ermöglichen. So kann er das spätere, hoffentlich lange Leben an Ihrer Seite selbstsicher und weitgehend angstfrei meistern. Und er entwickelt sich nicht zu einem sozialen Außenseiter, der Menschen als Bedrohung empfindet, vor alltäglichen Dingen erschrickt oder den andere Hunde meiden, weil er sich merkwürdig oder abweisend verhält.

Wie lernen Hunde?

Hundekinder lernen im Prinzip gar nicht anders als Menschenkinder. Sie haben allerdings viel weniger Zeit für das, was sie lernen müssen, um gut durchs Leben zu kommen. Und: Sie müssen nicht so komplizierte Dinge lernen wie Lesen, Schreiben und Rechnen. Dennoch gibt es erstaunlich viel zu lernen, wobei wir

Die Entwicklungsphasen unserer Hunde

Phase	Zeitspanne	Was passiert?
Pränatale Phase	bis zur Geburt	Der ungeborene Welpe besitzt bereits einen Geschmacks- und Tastsinn.
Neonatale oder vegetative Phase	ab der Geburt bis um den 12. Tag, sie endet mit dem Öffnen der Augen	Der Welpe reagiert auf Berührungsreize, nimmt Wärme und Kälte wahr, das Nervensystem entwickelt sich, wichtige Reflexe wie der Saugreflex sind überlebenswichtig.
Übergangsphase	bis etwa zum 21. Tag	Die Sehkraft entwickelt sich, der Welpe beginnt auf Geräusche zu reagieren. Das Erkunden der Umwelt beginnt.
Sozialisationsphase	bis zum Eintritt der Pubertät	Eine besonders sensible Phase in der Welpenentwicklung endet spätestens in der 16. Woche: Zunächst hat der Welpe vor gar nichts Angst (ca. 3. bis 9. Woche), doch schon bald zeigt er (bis etwa zur 12. Woche) vor allem Unbekannten Angst. Die Kommunikation mit Artgenossen wird immer komplexer. Die Gewöhnung an die menschliche Umwelt wird zur zentralen Aufgabe. Aber auch nach dieser sensiblen Phase benötigt der Hund weiterhin vielfältige Umwelterfahrungen.

Menschen unseren Hunden helfend zur Seite stehen können.

Es gehört zum Leben eines Hundes in unserer heutigen Gesellschaft dazu, nicht nur mit Artgenossen, sondern auch mit uns Menschen zu kommunizieren. Sie müssen also gleich zwei „Sprachen" lernen.

Hunde lernen dabei auf ganz unterschiedliche Weise. Die motorischen Fertigkeiten sind meist schnell erlernt. Anders sieht es mit den geistigen Fähigkeiten aus. Ganz früh und kontinuierlich müssen Verschaltungen im Gehirn und zwischen den Nerven hergestellt werden. Und dies gelingt nur, indem der Welpe seine Umwelt überhaupt kennenlernen darf.

Verschiedene Lernmechanismen sind daran beteiligt: Durch Gewöhnung (Habituation) wird gelernt, dass der Postbote keine Bedrohung darstellt oder dass man sich vor dem großen Gartentor nicht fürchten muss. Unsere Hunde erziehen wir meist über die sogenannte operante oder instrumentelle Konditionierung: Wir geben ein Leckerchen als Belohnung für ein gezeigtes Verhalten, das uns gefällt oder das wir öfter sehen möchten.

Aha!

Was ist Lernen?

Aufgrund von Erfahrungen ändert ein Individuum (Tier oder Mensch) sein Verhalten, aber auch sein Denken und Fühlen bewusst oder unbewusst. Lernen geschieht immer in Auseinandersetzung mit der jeweiligen Umwelt und ist deshalb ebenfalls eine Anpassung an diese.

Belohnung und Zuwendung stärken das Selbstbewusstsein.

Das Leckerchen, das der Hund haben will, dient als sogenannter Verstärker. Dieses Lernen durch Belohnen kann man gut nutzen, um den Hunden Tricks beizubringen. Allerdings hat diese Lernform auch Nachteile, denn damit unterschätzen wir eigentlich die geistigen Fähigkeiten unserer Hunde – sie sind durchaus in der Lage, Probleme eigenständig zu lösen. Nachdenken bringt die Vierbeiner in den meisten Fällen auf die richtige Fährte. Und: Sie rückversichern sich gerne bei uns. Machen wir ihnen Mut, dann machen sie sich daran, die neue Aufgabe zu lösen oder sich einem Problem zu stellen. Aber das geht nur mit einem selbstsicheren Hundehalter an der Seite, der die Regeln kennt.

Es gibt verschiedene Lernformen, die bei Hunden stattfinden, in der Tabelle

Lernformen bei Hunden	
Prägung	Zum Beispiel geruchlich (futterbezogen) und auf den Lebensraum bezogen
Gewöhnung	Beispielsweise an unangenehme Erlebnisse
Assoziation	Verknüpfung zweier gleichzeitig stattfindender Reize
Operante Konditionierung	Ein vom Hund gezeigtes Verhalten wird belohnt und dadurch verstärkt.
Nachahmung	Die echte Nachahmung ist von sozialer Anregung oder Stimmungsübertragung zu unterscheiden.
Generalisierung	Verhalten wird zuverlässiger gezeigt, wenn es in unterschiedlichen Situationen geübt wird.
Belohnung	Lob oder Leckerchen im richtigen Moment gegeben, können bewirken, dass ein Verhalten in Zukunft öfter gezeigt wird.

Seite 10 finden Sie eine Auswahl der wichtigsten.

Neue Forschungen bringen nach und nach Erstaunliches zutage: Hunde lernen sogar, indem sie von anderen (Mensch oder Hund) gezeigtes Verhalten nachahmen. Sie verstehen, wenn wir Menschen auf einen Gegenstand zeigen und folgen dieser Geste mit ihren Augen. Hunde haben sich über die Jahrtausende, die sie nun schon mit uns Menschen zusammenleben, ganz auf uns eingegroovt: Sie sind keine zahmen Wölfe, sie sind Hunde, die in menschlicher Gesellschaft leben.

Grund genug, um unseren Hunden starke Partner zu sein. Mit unserer Lebenserfahrung können wir dem Welpen helfen, in der menschlichen Umwelt zurechtzukommen.

Hundesinne und Gefühlsleben

Die hundlichen Sinne entwickeln sich erst nach und nach. Aus den blinden und tauben Würmchen werden jedoch rasch sehr aktive und reizempfindliche Welpen. Als ausgewachsene Tiere haben sie je nach Rasse einen Blickwinkel um 240 Grad. Bewegungsreize nehmen sie stärker wahr als wir Menschen. Objekte, die sich zu nah vor ihrer Nase befinden, sehen sie unscharf, können sie aber sehr gut riechen. Zwei Besonderheiten weisen ihre Augen auf: Zum einen das sogenannte Tapetum lucidum hinter der Netzhaut, das das einfallende Licht verstärkt. So können sie in der Dämmerung besser sehen als wir Zweibeiner. Zum anderen besitzen sie viele Stäbchen, die für das Dämmerungssehen wichtig sind, jedoch nur zwei Arten von Farbrezeptoren (Zapfen), jeweils einen für gelbliches Grün und einen für Blauviolett. Wundern Sie sich also nicht, wenn Ihr Hund länger benötigt, um den roten Ball auf der grünen Wiese zu finden. Beide Farben unterscheiden sich für ihn nur in ihrem Grauton. Besonders gut reagieren sie auf alles, was sich bewegt – sie sind ja auch Beutegreifer.

Mit seinen beweglichen Ohren kann ein Hund die Herkunft eines Geräusches gut lokalisieren. Das ist wichtig, wenn er zum Beispiel ein Mäuschen unter einer Laubschicht orten will. In den höheren Frequenzen hört er zudem besser als wir Menschen. Während wir Geräusche bis etwa 23.000 Hertz wahrnehmen, sind es beim Hund Frequenzen bis ungefähr 45.000 Hertz oder sogar höher.

Auf der Zunge besitzen sie zwar weniger Geschmackszellen als wir Menschen, schmecken aber ähnlich wie wir. Bitteres und Saures mögen sie meist gar nicht und spucken es wieder aus.

Das Sinnesorgan unserer Vierbeiner aber ist die Nase. In seiner Riechschleimhaut befinden sich rund 220 Millionen Riechzellen, bei manchen Hunderassen sogar noch deutlich mehr. Hunde besitzen ein besonderes Riechorgan, das sogenannte Vomeronasale oder Jacobson'sche Organ, das Geruchsmoleküle von der Mundhöhle aus aufnimmt. Ihre Riechleistungen lassen uns immer wieder staunen. Kein Wunder, dass unsere Hunde ihre Nase in der Stadt gar nicht mehr vom Pflaster heben wollen oder nicht mehr ansprechbar sind, wenn der Duft eines Artgenossen um die Ecke weht. Welpen sind sogar schon in der Lage, den Hausgeruch ihrer Welpenstube sicher zu erkennen. Deshalb hilft ein Handtuch oder eine Decke mit vertrautem Geruch bei der ersten Eingewöhnung im neuen Zuhause.

Die Hundesinne unterscheiden sich von denen des Menschen.

Tipp

Welpes Wahrnehmung

Hunde nehmen die Welt anders wahr, als wir Menschen. Das zu wissen ist wichtig, um sie und ihre Reaktionen besser einschätzen zu können.

Berührungen und Schmerzen nehmen unsere Hunde vermutlich nicht anders als wir wahr. Welpen benötigen den körperlichen Kontakt und erfahren dadurch Sicherheit und Geborgenheit. An ihrer Schnauze haben sie Tasthaare, die sogenannten Vibrissen, die ihnen helfen, nirgends anzustoßen. Besonders berührungsempfindlich sind die Ballen der Pfoten.

Die Gefühle entwickeln sich mit zunehmendem Alter. Ab der 6. Lebens-

Die Sinneswahrnehmungen sind von Rasse zu Rasse wegen der unterschiedlichen Kopfform ein wenig anders.

woche etwa können sie Angst empfinden. Bis zur 8./9. Lebenswoche aber ist die Neugier meist stärker. Danach jedoch werden sie ängstlicher, wenn sie Neuem begegnen. Wie ist es nun am sinnvollsten, mit dieser Angst umzugehen? Sie als Hundehalter werden jetzt immer wichtiger und zum Lotsen durch die menschliche Welt. Er wird mit Ihrer Hilfe auch lernen, Stress und Frust bis zu einem gewissen Grad zu ertragen. Denn kleine Prinzen oder Prinzessinnen, denen jeder Wunsch von den Augen abgelesen wird, werden gerne zu kleinen Tyrannen.

Je älter Ihr kleiner Vierbeiner wird, desto vielfältiger werden seine Gefühle. Sie werden Freude an ihm beobachten, vielleicht aber auch einmal Trauer oder Wut. Forscher haben herausgefunden, dass Hunde sogar ungerechte Behandlung wahrnehmen und entsprechend darauf reagieren. Wir Menschen müssen aber aufpassen, dass wir dem Hund nicht unterstellen, dass er genauso fühlt wie wir, wenn es um kompliziertere Gefühle geht. So verstärken wir zum Beispiel seine Unsicherheit, wenn wir ihn in einer für ihn unangenehmen Situation trösten. Unsere liebgemeinte Fürsorge versteht er als Bestätigung dafür, dass etwas so ganz und gar nicht in Ordnung ist und sein Mensch selbst nicht sicher ist.

Eine Frage der Persönlichkeit

Na klar, jeder Hund hat seine eigene Persönlichkeit. Hundehalter wissen das nur zu gut. Viele Tiere, nicht nur Säuge-

Hundewelpen bringen schon ihre eigene Persönlichkeit mit – hier ist jemand besonders aufgeweckt.

tiere, entwickeln spezielle Eigenschaften, die sich zum Beispiel darin äußern, wie sie auf Ereignisse und Situationen reagieren. Wie löst ein Welpe Probleme, wie geht er mit unbekannten Situationen um? Ist das alles bereits in den Genen verankert? Nein, heute weiß man, dass die Umwelt einen wichtigen Einfluss auf die Entwicklung der Persönlichkeit hat. Kein Hundewelpe kommt charakterlich fertig auf die Welt.

Unter den Hunden gibt es A- und B-Typen, die einen sind neugieriger, wagemutiger, die anderen zurückhaltender, abwartender. Erstaunlich ist, dass die B-Typen, die abwartenderen, meist besser mit Stress zurechtkommen, da sie nicht so schnell aufgeben. Man kann Hundetypen auch anhand des sogenannten Fünf-Faktoren-Modells einordnen, das man der Humanpsychologie entlehnt hat. Dabei wird beurteilt, wie extrovertiert, empfindlich, nett, offen und gewissenhaft die Vierbeiner sind. Manche dieser Eigenschaften kommen in Kombination vor, zum Beispiel sind neugierige und mutigere Tiere geselliger

Aha!

Welpenpersönlichkeit

Jeder Hund ist anders. Selbst Welpen eines Wurfes haben unterschiedliche Eigenschaften. Diese gilt es zu erkennen, zu fördern und gegebenenfalls umzulenken.

Dieser Welpe ist erkundungsfreudig und beobachtet dabei seine Umwelt ganz genau.

und verspielter, wenn sie auf Fremde treffen.

Bereits vor der Geburt und erst recht danach formt sich die Persönlichkeit. Eine große Rolle spielt die Fürsorglichkeit der Hundemutter: Die Geborgenheit, die die Kleinen in der mütterlichen Umgebung erfahren, macht sie stark für das künftige Leben. Besonders prägend sind die Umwelterfahrungen. In den ersten Entwicklungsphasen werden die Weichen für den späteren Charakter gestellt. Die hundliche Persönlichkeit festigt sich erst nach der Pubertät, je nach Rasse im Alter von 1 bis 3 Jahren. Aussagen über das spätere Verhalten sind unsicherer, je jünger der Hund ist. Für den Hundehalter bedeutet das eine große Verantwortung, aber auch eine große Chance: Er kann dazu beitragen, dass aus dem kleinen, unbeschriebenen Welpen ein selbstsicherer Erwachsener werden kann.

Wie Kinder so haben auch junge Hund bereits eine ganz eigene Persönlichkeit.

Bevor es losgeht

Sie und Ihr Welpe entdecken gemeinsam die Welt! In seinen ersten Lebenswochen sollte Ihr junger Hundefreund so viel wie möglich kennenlernen – werden Sie dabei zu seinem „Fahrlehrer“.

Erinnern Sie sich noch an Ihre ersten Fahrstunden? Sie waren unsicher, ob Sie alles bewältigen würden: Brems- und Gaspedal nicht zu verwechseln war Ihre größte Sorge. Haben Sie auch zittrig den Schlüssel im Schloss umgedreht, um den Motor zu starten? Seitliches Einparken bei fließendem Verkehr, Ihr größter Horror?!

Und dann saß da der Fahrlehrer an Ihrer Seite, dem Sie vertrauen mussten. Welcher Typ Mensch war er? Der freundliche, ruhige Ratgeber, der Dauerquatscher oder der Choleriker, der Sie noch nervöser machte? Bei wem haben Sie besser gelernt, sich sicherer gefühlt? Sind Sie heute der souveräne Autofahrer oder doch eher vorsichtig und ein wenig ängstlich?

Wie mag es unserem Hundewelpen gehen, der von Mutter, Wurfgeschwistern und gewohnter Umgebung in ein neues Umfeld, zu Ihnen umgesiedelt ist? Neugier und Angst sind seine ständigen Begleiter.

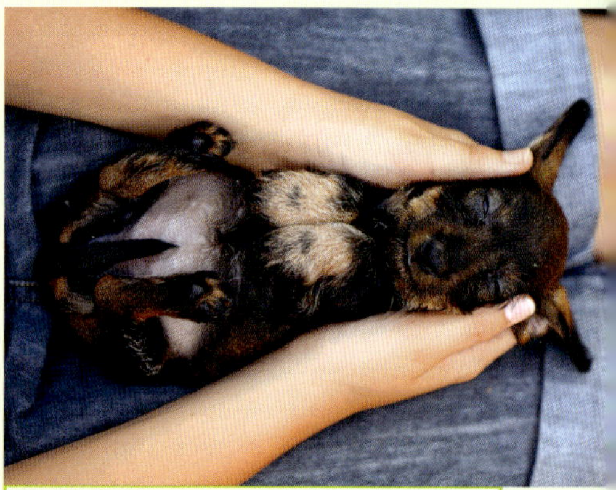

Vertrauen ist eine gute Voraussetzung für einen prima Start ins Leben.

Werden Sie zu seinem „Fahrlehrer“. Sind Sie sicher und gelassen, dann wird Ihr Welpe zu einem gut gelaunten, sozial verträglichen und zufriedenen Hund werden. Wenn er weiß, dass er sich auf Sie verlassen kann, kommt er gar nicht in Versuchung, alles selbst regeln zu müssen.

Alles, was der Welpe jetzt erlebt, wird im noch jungen Hundehirn verarbeitet. Erfahrungen werden in dem Ordner „K“ für „Kenn ich“ abgelegt. Umso mehr

Aha!

Wichtige Ruhephasen

Damit Ihr Hundchen mit den vielen Erfahrungen jedoch überhaupt etwas anfangen kann, benötigt er nicht nur Ihre sorgfältige Anleitung, sondern auch immer wieder Ruhepausen. Denn vor allem in Ruhe- oder Schlafphasen wird das Erlebte erst verarbeitet. Er lernt quasi im Schlaf.

sich der Ordner füllt, desto besser. Der erwachsene Hund kann dann im späteren Leben immer wieder auf den Ordner „K" zurückgreifen. Situationen, Gegenstände, Personen, die darin bereits einen Eintrag haben, können besser eingeordnet werden.

Nicht alle Umweltabenteuer werden in Ihrem gemeinsamen Leben eine Rolle spielen. Suchen Sie die passenden Situationen heraus. Dafür haben wir die Abenteuer in drei Kapitel unterteilt: daheim, unterwegs und außergewöhnliche Umwelterlebnisse, die Sie beide nicht unbedingt täglich antreffen werden.

Und nun wartet die spannende Welt auf Sie und Ihren Welpen: Wir wünschen viel Freude beim gemeinsamen „Umweltabenteuern".

Bevor Sie beginnen, die Welt zu erkunden, noch zwei Hinweise:

1 Bitte überfordern Sie Ihren Welpen nicht, Sie müssen nicht alle hier beschriebenen Umweltabenteuer abarbeiten. Sie werden beim Lesen gewisse Strukturen erkennen, wie Alltagssituationen gut gemeistert werden können. Das wichtigste, das Ihr Welpe lernen sollte ist, dass er sich auf Sie verlassen kann. Das bedeutet auch, dass Sie ihn nicht in Situationen bringen, die er nicht bewältigen kann oder dass er zu viel auf einmal verarbeiten muss.

2 Achten Sie zudem darauf, dass es als Grundmuster einige Punkte im Tagesablauf (Fress- und Ruhezeiten, Spiel- und Erkundungszeiten) gibt, an denen sich der Welpe orientieren kann.

Gemeinsame Abenteuer machen Spaß und schaffen Vertrauen.

Aufpasser gefragt: Welpen sind einfallsreich und erkunden alles.

Umweltabenteuer daheim

Spannendes im Haus

Im häuslichen Umfeld lässt sich bereits viel erleben. Sie und Ihr kleiner tierischer Mitbewohner können sich im sicheren Haus gut aneinander gewöhnen und kennenlernen.

Jede Menge Besuch

Kaum ist er im Haus angekommen, da wollen schon sämtliche Familienmitglieder, Freunde und Bekannte den neuen Mitbewohner auf vier Pfoten begrüßen, knuddeln und liebhaben. Das ist keine gute Idee. Lassen Sie Ihrem Welpen erst einige Tage der Eingewöhnung, an denen er nur mit Ihnen und den engsten Familienmitgliedern zusammen ist. Hat er sich dann eingewöhnt, den Tagesablauf kennengelernt, ebenso die neuen Geräusche,

Aha!

Siegt die Neugier?

Ihr Welpe befindet sich in einer besonderen Entwicklungsphase. Er muss erst lernen, mit Ängsten umzugehen und weiß oft nicht so recht, ob er neugierig alles erforschen soll oder doch erst einmal besser abwartet, was auf ihn zukommt.

In den ersten Tagen soll sich der Kleine erst einmal einleben – danach ist netter Besuch willkommen.

Gerüche und Mitbewohner, dann ist Besuch herzlich willkommen. Menschen gehören von nun an zu seinem Leben, eigentlich werden ihm nun immer mehr Menschen als Hunde begegnen.

Doch lassen Sie es langsam angehen. Nicht jeder Besucher muss den Kleinen nun anfassen, hochheben, locken oder streicheln. Unter Umständen können negative Erfahrungen sein zukünftiges Verhalten gegenüber Menschen bestimmen. Wichtig ist es, dass Ihr Welpe den Menschen ohne Scheu begegnen kann, aber sich zu nichts gedrängt fühlt.

Sie können Ihren Welpen unterstützen, Menschen positiv kennenzulernen, indem Sie auf folgende Punkte achten:

> Die Menschen begegnen dem Welpen freundlich, aber ohne ihn zu bedrängen.
> Fremde heben ihn nicht einfach hoch oder halten ihn fest. Ansonsten könnte der Kleine sich ängstlich zurückziehen oder sich sogar vor lauter Panik mit seinen Zähnchen Abstand verschaffen wollen. Soweit sollten Sie es gar nicht erst kommen lassen.
> Seine Bezugsperson hält sich immer in seiner Nähe auf und gibt den anderen Menschen Bescheid, wenn es dem Kleinen zu viel wird.

Umso mehr Menschen er kennenlernt, und je mehr gute Erfahrungen er macht, desto sicherer kann der Vierbeiner ihnen im späteren Leben begegnen.

Achten Sie auch unbedingt auf das Temperament Ihres Welpen. Scheue Hunde sollten vorsichtig ermutigt werden, mit den fremden Leuten in Kontakt zu treten, notfalls auf Ihrem Arm. Stürmischere Exemplare müssen sanft aber konsequent schon jetzt Grenzen gesetzt werden. Das gelingt durch sogenannte Abbruchsignale.

Von seinem sicheren Plätzchen aus beobachtet der Neuzugang das Geschehen im Haus. Bald siegt die Neugier.

Tipps zur Erziehung: Nicht früh genung können Abbruchsignale eingeübt werden. Sagen Sie laut und mit fester Stimme „Nein“, wenn Ihr übermütiger Welpe etwas tut, das Sie nicht möchten. Gleichzeitig hören Sie für einen kurzen Moment (wenige Sekunden!) damit auf, sich mit ihm zu beschäftigen. Unterbricht er sein Verhalten, so können Sie sich ihm direkt wieder zuwenden. Sie müssen es allerdings wirklich ernst meinen! Eine andere Möglichkeit, den Welpen in dem, was er gerade tut, zu unterbrechen: Blockieren Sie ihn körpersprachlich, indem Sie dem vorpreschenden Welpen den Weg abschneiden und sich zum Beispiel demonstrativ vor ihn stellen. Welpen begreifen dieses Signal sehr rasch, Sie müssen nur schnell genug reagieren, um es auch anwenden zu können.

Das Band um seinen Hals

Ein Halsband zu tragen sollte für den kleinen Racker bereits selbstverständlich sein. Vermutlich hat er damit schon beim Züchter Bekanntschaft gemacht. Sollte dies nicht so sein oder bemerken Sie, dass er mit dem Halsband nicht zurechtkommt, müssen Sie eine positive Verknüpfung schaffen.

Sie können dem kleinen Vierbeiner helfen, das Halsband als angenehm zu empfinden, wenn Sie es ihm nur dann umlegen, wenn die Stimmung bei Ihnen beiden locker und gelöst ist. Geben Sie währenddessen ein Leckerchen und verwickeln ihn in ein Spiel. Nehmen Sie das Halsband wieder ab, solange es dem Welpen angenehm ist und nicht erst, wenn er beginnt, sich zu schütteln oder daran zu kratzen. Sie können das Halsband auch vor dem Füttern an- und danach wieder abnehmen. Hier ergibt sich ebenfalls eine positive Verknüpfung.

Ob ein Halsband oder Geschirr für Ihren kleinen Vierbeiner sinnvoller ist, entscheiden Sie am besten in Absprache mit dem Züchter oder Tierarzt. In jedem Fall sollte ein Geschirr einfach, ohne viel am Welpen herumzuhantieren anzulegen sein. Denn je mehr Aufhebens Sie darum machen müssen, desto mehr Bedeutung misst vielleicht auch der kleine Tausendsassa diesem bei.

„Ich darf meinen Menschen nicht (zu feste) beißen“

Welpen erkunden ihre Welt mit dem Mäulchen. Allerdings sind ihre Zähnchen spitz und die menschliche Haut ist dünn. Bereits jetzt ist der richtige Zeitpunkt, dem allzu rabiaten Welpen mitzuteilen, dass das Beißen in Zehen oder Hände der Zweibeiner nicht schön ist und auch weh tut. Das ist keine große Sache, sollte aber schon frühzeitig und dann konsequent umgesetzt werden. Tipp zur Erziehung: Beißfreudige Welpen erfahren durch Ihre direkte Rückmeldung, dass in der Welt der Menschen nicht in Hände und Füße gebissen wird. Schreien Sie laut „Au!“ (das darf ruhig übertrieben, muss aber ernst gemeint sein) und unterbinden Sie für einen kurzen Moment jegliche Aufmerksamkeitsbekundungen. Hält der Welpe inne, können Sie sich ihm wieder zuwenden. So lernt er schnell: Wenn ich zu feste beiße, stehe ich nicht mehr im Mittelpunkt. Das machen Hundewelpen untereinander übrigens genauso (nur quieken sie und rufen nicht „Au!“).

Aha!

Klare Ansage

Hundemütter zeigen ihren Welpen schon recht früh sehr deutlich, dass sie Schmerz empfinden, wenn beispielsweise die Welpen in die Zitzen beißen statt daran zu nuckeln. Auch dass sie ihre Ruhe haben möchten und von den Welpen genervt sind, wenn diese zu übermütig werden.

Die Beißhemmung muss erlernt werden: Mit einem Abbruchsignal teilt der Mensch mit, wenn es weh tut.

Haben Sie keine Bedenken, dass Sie Ihrem Welpen damit die Freude am Umgang mit Ihnen verderben sollten. Im Gegenteil: Indem er lernt, dass Sie ihm Grenzen setzen, nimmt er Sie als gute Führungspersönlichkeit war. Er begreift, dass er nicht alles mit Ihnen machen kann und schon gar nicht zu seinen Bedingungen.

Manche Hunde drehen auch immer mehr auf und finden vor Übermut kein Ende. Dann sind Ruhepausen notwendig, in denen der erkundungsfreudige Welpe einfach einmal zur Ruhe kommen muss. Dafür sollte er einen festen Platz haben, an dem er sich wohlfühlt und an dem nicht das ganze bunte Familienleben vorbeitobt.

Ein sicherer Ort

Welpen überschätzen oft ihre Kräfte, gerade wenn alles neu und spannend ist. Sie benötigen neben Futter, Wasser und Zuwendung vor allem ausreichende Ruhephasen für ihre Entwicklung. Beim Schlafen oder Dösen verfestigt sich das soeben Gelernte besonders gut, nicht nur beim Welpen. Auf dem Liegeplatz kann der Welpe eine Auszeit nehmen.

Außerdem bietet ein kuscheliger Liegeplatz Sicherheit und Geborgenheit. Manche Hunde mögen Höhlen, um sich zurückzuziehen, ganz wie Wolfswelpen, die die ersten Tage ihres Lebens meist in einer Erdhöhle verbringen. Andere sind mit einer kuscheligen Decke oder einem gemütlichen Körbchen zufrieden.

Was aber ist zu tun, wenn der Welpe partout nicht auf dem ihm zugedachten Platz liegen bleiben möchte? Hat er Hunger, war er schon zum Geschäftchenmachen draußen? Schicken Sie ihn eventuell immer dann auf seine Decke, wenn er etwas angestellt hat? Das wäre nicht gut, denn dann würde er seine Decke als etwas Negatives empfinden, wohin er gebracht wird, wenn Sie auf ihn böse sind.

Vermutlich aber ist es um ihn herum viel zu unruhig und aufregend. Denn alles ist so interessant für ihn, er möchte mit seiner Nase überall dabei sein, er ist eben eine echte Neugiernase. Dann müssen Sie ihm diese Auszeit ein wenig versüßen. Geben Sie ihm dafür ein welpengeeignetes Spielzeug

Ein Karton als Höhle! Spielphasen wechseln sich immer wieder mit kurzen Ruhephasen ab.

Auf einem gemütlichen Liegeplatz kann sich der Welpe entspannen und das Erlebte verarbeiten.

oder ein besonderes Leckercken, an dem er herumkauen kann. Manche Welpen machen ein Spiel daraus, auf der Decke belohnt zu werden und sind gerade dabei, Sie zum Leckerchenautomaten zu erziehen. Oder haben nicht heraus, dass das ruhige Liegen und nicht ein anderes Verhalten belohnt wird (siehe Seite 53).

So wird die Auszeit für Ihren Welpen zum positiven Erlebnis:

1 Führen Sie den Welpen auf seine Decke, wenn es im Haus gerade ruhiger ist, zum Beispiel, weil Sie selbst lesen wollen oder fernsehen möchten.

2 Geben Sie ihm etwas zu tun, das er nur auf seiner Decke bekommt, z.B. ein besonderes Spielzeug.

3 Machen Sie nicht zu viel Aufhebens und geben Sie ihm nicht zu viel Aufmerksamkeit.

4 Führen Sie ihn ruhig zurück, wenn er wieder aufsteht und schimpfen nicht mit ihm.

Manche Liegeplätze werden allerdings einfach nicht akzeptiert. Sollte dies in Betracht kommen, so probieren Sie aus, wo sich der Welpe am sichersten fühlt.

Nachts darf, ja sollte der Welpe ganz nah bei Ihnen liegen. Ob im Schlafzimmer selbst oder davor ist Geschmackssache. Aber er muss so nahe bei Ihnen liegen, dass Sie es wahrnehmen, wenn er unruhig wird, damit Sie ihn zum Geschäftchenmachen nach draußen bringen können.

Tipp

Optimaler Welpenliegeplatz

Der Tagesliegeplatz Ihres Welpen sollte sich nicht direkt in der Nähe der Haustür oder in Durchgängen und überall dort, wo viel los ist, befinden.
Manche Hunde empfinden direkte Sonneneinstrahlung oder Zugluft störend. Auch an der Heizung ist nicht jederhunds Lieblingsplatz.

Der sichere Liegeplatz kann im Laufe der Zeit gut in die Umwelterziehung mit eingebunden werden. Immer, wenn der Trubel zu groß oder Besuch da ist, kann der Welpe dann dort entspannen und das Geschehen aus der Ferne beobachten. Dafür sollte aber schon eine gewisse Akzeptanz des Platzes vorhanden sein.

Klingelalarm: Postboten und andere Fremde

Wenn es an der Tür klingelt ist Action angesagt. Die Familienmitglieder rennen zur Tür, es steht ein neuer Mensch im Eingang, der etwas abgibt oder sogar selbst hereinkommt. Der Welpe steckt in einer riesigen Erwartungshaltung. Was der kleine Hund also lernt ist die folgende Gleichung: Türklingel = Aufregung, Spiel und Spannung.

Damit diese Gleichung nicht aufgeht, können Sie gezielt üben: Bestellen Sie Besuch, der nichts anderes zu tun hat, als die Klingel zu betätigen. Was machen Sie, wenn der Ton erschallt? Sie tun schlichtweg nichts. Ihr Welpe wird sie verdutzt anschauen, vielleicht kurz erschrecken. Sobald er ruhig ist, weil Sie es auch sind, belohnen Sie ihn. So lernt er, sich an Ihnen zu orientieren, und was Sie tun, scheint ja richtig zu sein. Sie wissen ja: Sie sind sein „Fahrlehrer“! Das müssen Sie allerdings an mehreren Tagen wiederholen, aber bitte jeweils nur einige Male pro Tag, damit Ihr Welpe nicht überfordert wird. Wenn das gut klappt und die Türklingel den Welpen nicht zum Angriff blasen lässt, kann der Besuch hereinkommen. Auch das können Sie mit Freunden und Bekannten üben, denn den meisten Hundehaltern ist es unangenehm, den Welpen gegenüber Fremden wie Post-

Hier klappt es schon vorbildlich: Der Welpe hat gelernt, an der Tür auf seinen Menschen zu achten.

Aha!

Überfordert?

Ständiges Schütteln, sich Kratzen und Gähnen sind einige der Anzeichen dafür, dass der Welpe überfordert ist. Gönnen Sie ihm eine Pause.

boten oder Lieferanten in seine Schranken zu weisen, oder gar die Zweibeiner zu bitten, den Welpen nicht mit allzu viel Aufmerksamkeit zu bedenken. Dies ist eine wichtige Erziehungslektion, denn der Welpe ist nicht der Türwächter, das sind Sie!

Es ist an Ihnen, ihm angemessenes Verhalten beizubringen: Hochspringen an Gästen, Kläffen oder zwischen den Beinen Laufen sind nicht angemessen. Dagegen sind ruhiges, abwartendes Verhalten und Blickkontakt zu Ihnen ein Leckerchen oder eine Streicheleinheit wert. Begrüßt wird der Welpe, wenn er alle Viere auf dem Boden hat. Ob er dann sitzt oder steht, ist erst einmal unwichtig.

Neben den zu forschen Welpen gibt es solche, die vor Fremden erst einmal gehörigen Respekt haben. Achten Sie in diesen Fällen unbedingt darauf, dass der Gast in der Tür den ängstlichen Vierbeiner nicht zu sehr erschreckt. Auslöser können zum Beispiel eine zu laute Stimme, ungewöhnliche Kleidung sein oder, dass der Fremde zu forsch und von oben herab auf den Welpen zugeht. Bitten Sie in diesem Fall Gäste oder Lieferanten um einige Minuten Aufmerksamkeit für Ihren tierischen Neuzugang. Geben Sie Ihrem Welpen Gelegenheit, sich dem Fremden von sich aus zu nähern. Dies gelingt meist leichter, wenn sich der Mensch hinhockt und so weniger bedrohlich wirkt.

Und dann ist da ja noch die Sache mit dem Postboten. Dieser klingelt nicht immer an der Tür, sondern klappert oft nur am Briefkastenschlitz. Das Klappern kann Welpen erschrecken, sie wuffen oder bellen, der Postbote geht wieder. Was sie nach mehrmaligem Erleben lernen ist: Der Fremde kommt, erschreckt mich, ich belle, und er geht wieder. Folglich: Mein Bellen verjagt den Fremden. Damit das nicht passiert, sollten Sie darauf achten, dass Sie an Welpes Seite sind, um ihm zu zeigen, was Sie von der Situation halten.

Erziehungstipp gegen Postbotenverbellen: Sollte Ihr Welpe vor Aufregung bellen, sagen Sie ihm einfach einmal „Danke“ oder ein langgezogenes „Okay“ für seine Aufmerksamkeit. Dieses „Danke“ oder „Okay“ verknüpfen Sie mit einem neutralen Verhalten Ihrerseits. Sie sind nicht aufgeregt, weil es selbstverständlich ist, dass ab und zu einmal jemand an die Tür kommt und am Briefkasten klappert. Schon bald lernt der Welpe: Meine Leute haben alles im Griff.

Körperliche Nähe ist so schön!

Unter den Hunden gibt es ganz verschiedene Kuscheltypen. Manche sind geborene Schmuser, andere lassen sich nicht so gerne festhalten und sind stattdessen unentwegt darauf aus, etwas Neues zu entdecken. Es gibt sogar Welpen, die sich wie ein Aal winden, wenn man sie hochhebt und festhalten will (lesen Sie dazu auch auf Seite 28). Ihr Welpe aber muss lernen, dass er einmal stillhalten muss, wenn Sie es für notwendig erachten. Denken

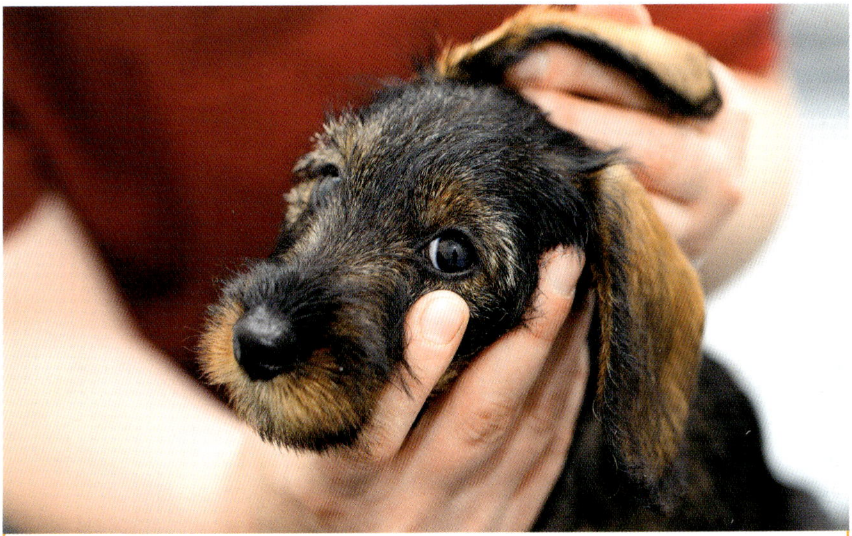

Regelmäßiger Körperkontakt ist wichtig – ganz nebenbei lernt der Welpe, überall angefasst zu werden.

Sie nur daran, wie schwierig es sonst wird, ihm eine Zecke aus dem Fell zu entfernen oder seine Pfoten abzutrocknen, wenn er von einem Regenspaziergang heimkommt. Je früher Sie damit beginnen, desto besser. Aber gehen Sie behutsam vor.

Ihr Welpe erlebt körperliche Nähe positiv, wenn Sie behutsam sind, aber bestimmt. Gut gelingt das Festhalten oder Anfassen, wenn der kleine Tausendsassa vom Spielen müde ist. Steigern Sie allmählich die Dauer des Festhaltens. Reden Sie sanft mit ihm. Nehmen Sie ihn nicht ständig hoch oder beschmusen ihn den ganzen Tag.

Ihr Hund muss unter Umständen erst lernen, Ihnen zu vertrauen. Meist aber sind aufmüpfige Welpen einfach nur besonders aktiv und fühlen sich von Ihnen schlichtweg in ihrem Bewegungsdrang eingeschränkt. Das hat nichts mit Dominanz zu tun, sondern mit Willensstärke.

Es gibt auch Körperstellen, an denen Hunde gar nicht gerne angefasst werden. Versuchen Sie spielerisch immer einmal wieder die Öhrchen, das Schnäuzchen, die Pfötchen zu berühren und beginnen Sie vorsichtig, diese zu „untersuchen“, so, als sei es das Selbst-

Tipp

Zappelphilipp

Sollte Ihr Welpe seinen Unmut äußern, dürfen Sie sich nicht „geschlagen“ geben. Bleiben Sie ruhig und halten ihn noch einige Sekunden weiter fest – idealerweise entspannt er sich sogar. Leckerchen gibt es erst, wenn er stillhält. Hier ist genaues Timing wichtig. Wenden Sie niemals Gewalt an, das würde Ihre Bemühungen zunichte machen.

verständlichste auf der Welt. Später können Sie dann schon einmal probieren, das Mäulchen zu öffnen, um nach den Zähnchen zu schauen. So ist für Ihren kleinen Racker das Anfassen und Gehaltenwerden bald ganz normal und gehört zum Alltag dazu. Sie sollten das Anfassen mehrmals täglich üben. Das hilft Ihnen auch, wenn es um die Fellpflege geht.

Bitte beachten Sie: Haben Sie den Eindruck, dass Ihr Hund an einer Körperstelle außergewöhnlich berührungsempfindlich ist, sollten Sie einen Tierarzt um Rat fragen. Es könnten Schmerzen oder Hautprobleme dahinter stecken.

Eine prima Übung, die Ihnen im Alltag nützlich sein kann, ist das Berühren auf Kommando. Da sind nicht Sie es, die den Welpen anfassen oder streicheln, sondern er lernt, auf ein bestimmtes Wort hin, körperlichen Kontakt mit Ihnen aufzunehmen. Und so geht's:

1 Überlegen Sie sich ein Wort, das besagt: „Berühr' mich". Ein geeignetes Wort wäre z. B. „Stups" oder „Touch".

2 Lassen Sie den Welpen vor sich Sitz machen (er kann auch Stehen) und führen Sie Ihre Hand ein wenig in die Richtung seiner Nase. Neugierig wie er ist, wird er bald Ihre Hand mit der Nase berühren.

3 Bestätigen Sie mit einem „Fein" und geben ihm aus der anderen Hand ein Leckerchen.

4 Üben Sie das öfter und sprechen Sie dann das Wort, das Sie sich fürs Berühren überlegt haben, während er mit der Nase Ihre Hand anstupst. Belohnen Sie wieder.

5 Sie können dann später das „Touch" oder „Stups" aus der Bewegung und draußen unter Ablenkung weiter vertiefen.

Warum macht man das? Dieses Berühren lenkt Ihren Jungspund in diesem Moment davon ab, etwas anderes zu tun, als zum Beispiel einen anderen Hund zu fixieren. Dieses Ritual kann ihm auch Sicherheit in aufregenden Situationen geben. Das hilft Ihnen bestimmt, wenn Sie in der Stadt Umweltabenteuer erleben. Wenn ringsum das Leben tobt, konzentriert er sich auf Sie.

Bürste, Kamm & Co.

Sie werden nicht umhin können, Ihren tierischen Neuzugang so früh wie möglich mit der Fellpflege vertraut zu machen. Nachdem er Ihre körperlich Nähe als angenehm empfindet, sollten Sie ihm nun Bürste, Kamm und Co. vorstellen. Die ungewöhnlichen Teile machen ihm vielleicht Angst. Öfter jedoch kommt es vor, dass Welpen schier aus dem Häuschen sind, gerade wenn sie eine Bürste entdecken. Sie bellen aufgeregt oder versuchen hineinzubeißen. Andererseits: Fällt der Kamm oder die Schere unbeabsichtigt zu Boden, so

Aha!

Angriff verboten

Angriffsverhalten auf Utensilien des täglichen Bedarfs rühren aus Unsicherheit oder enthalten möglicherweise bereits Elemente des Beutefangverhaltens. Unterbinden Sie dieses Verhalten durch ein deutliches „Nein" und blockieren Sie den Zugang Ihres Welpen, indem Sie beispielweise den Arm zwischen sich und den Gegenstand führen.

Sanftes Bürsten ist entspannend. Manche Welpen halten anfangs aber gar nicht still.

erschrecken sie. Sie merken, wie zwiespältig die Empfindungen der kleinen Vierbeiner noch sind. Scheu und Neugier liegen jetzt besonders eng beisammen.

Wie können Sie Ihren Welpen unterstützen, damit er diese Gegenstände angstfrei kennenlernt? Bauen Sie auch hier wieder auf schrittweise Gewöhnung. Legen Sie die Utensilien in einiger Entfernung auf den Boden. Schauen Sie, wie sich der Welpe verhält! Ängstlich? Dann lassen Sie ihm Zeit, alles genau zu betrachten. Sein Tempo ist der Maßstab. Jeder mutige Schritt nach vorne wird am besten mit einem Leckerchen belohnt. Schnuppert er vorsichtig an den Gerätschaften, dann bekommt er eine Extra-Belohnung. Später können Sie die Übung erweitern.

Toleriert Ihr Kleiner die Gegenstände, können Sie einen Schritt weitergehen und versuchen, sanft mit Kamm oder Bürste über seine Seite zu streichen. Duldet er dies, wird er wieder gelobt. Sie müssen vorsichtig vorgehen, dürfen aber nicht zu zaghaft sein, das Bürsten soll ja etwas Alltägliches werden. Beobachten Sie Ihren Welpen bei dem Fellpflegetraining ganz genau und reagieren Sie entsprechend. Führen Sie

Tipp

Wichtig

Bitte seien Sie niemals ungeduldig oder grob. Das Berührtwerden ist ein heikles Thema und hat ganz viel mit Vertrauen zu tun. Lassen Sie sich nicht von Leuten verunsichern, die Ihnen raten: „Er soll sich nicht so anstellen, da muss er durch!“

Gegenstände, vor denen er Angst hat, niemals nach dem Motto „Guck mal, das tut Dir nichts!“ auf ihn zu. Freuen Sie sich über jeden Fortschritt, den er macht und belohnen ihn. Gewöhnen Sie ihn langsam daran, dass Gegenstände ihn berühren. Machen Sie immer wieder Pausen. Ein müder Hund lässt sich meist leichter berühren, aber stören Sie ihn niemals im Schlaf. Üben Sie täglich.

Staubsauger und andere Haushaltsgeräte

Oh weh, oh weh. Welche Ungetüme im menschlichen Haushalt doch vorhanden sind! Was für uns selbstverständlich zum Alltag dazugehört, ist für Welpen erst einmal unheimlich. Manchmal kennen die Kleinen zwar schon Haushaltsgeräusche und -geräte aus dem Haushalt des Hundezüchters. Dennoch können sie die Geräte als wahre Monster empfinden.

Am Staubsauger darf geschnüffelt werden, hineinzubeißen aber ist verboten. Dieses Kerlchen ist besonders neugierig.

Das kann an anderen Geräuschfrequenzen liegen oder daran, dass der Neuzugang sich erst einleben muss. Auch für uns Menschen ist es nervig, wenn ein kleiner Vierbeiner wie von Sinnen auf den sich bewegenden Staubsauger zustürmt und die Düse zerbeißt. Meist ist ein „rasender“ Welpe von diesem Unterfangen gar nicht mehr abzubringen. Blöd, wenn man Gäste erwartet und die Wohnung schnell noch feingemacht werden muss.

Wie gelingt die Gewöhnung an den Staubsauger (meist) ohne Probleme?

1 Lassen Sie Ihrem Welpen Zeit! Geben Sie ihm Gelegenheit, den Staubsauger im Ruhemodus kennenzulernen. Er darf daran schnüffeln, mehr nicht. Und: Machen Sie kein großes Aufhebens um das Gerät – je selbstverständlicher alles abläuft, desto besser.

2 Einige Zeit später bewegen Sie das Gerät, ohne es jedoch schon einzuschalten. Wieder darf der Welpe neugierig sein, aber keinen Angriff starten. Wenn er das tut, hören sie sofort mit der Bewegung auf. Sobald der Welpe ruhig ist, bekommt er ein Leckerchen.

3 In einem nächsten Schritt schalten Sie den Staubsauger zum ersten Mal ein. Bleibt der Welpe ruhig, bekommt er ein Leckerchen.

4 Hilfreich kann es auch sein, dem Welpen die Möglichkeit zu geben, Sie aus sicherer Entfernung beim Staubsaugen zu beobachten, am besten wenn er spielt oder anderweitig abgelenkt ist. Locken Sie Ihren Welpen aber nicht extra, wenn er keine Notiz von diesem nimmt.

Achten Sie immer darauf, Ihren kleinen Freund nicht zu überfordern, indem Sie zu viel von ihm erwarten. Für Sie ist alles normal, für den kleinen Famili-

Aus sicherer Entfernung wirkt der Staubsauger kaum bedrohlich.

Aha!

Gut zu wissen

Bewegungen auf den Hund zu, fordern meist eher eine Reaktion hervor, als Bewegungen von ihm weg: „Der Feind rückt an!"

enneuzugang nicht unbedingt. Staubsauger werden von jungen Hunden oft als sehr bedrohlich wahrgenommen, vermutlich spielen hier die Geräusche und die Bewegungen gleichsam eine Rolle.

Gewöhnen sollten Sie Ihren Welpen auch an den Föhn, denn es könnte ja einmal notwendig werden, sein Fell zu trocknen. Schauen Sie sich im Haushalt um, welche Geräte könnten noch bedrohlich auf ihn wirken? Hier gilt im Grunde das gleiche wie beim Staubsaugertraining.

So ein Krach!

Welpen sind ziemlich schreckhaft, was Geräusche angeht. Fällt ein Topfdeckel in der Küche scheppernd zu Boden, so kann das den Kleinen völlig in Panik versetzen. Deshalb ist es wichtig, dass Sie ihn sanft an den häuslichen Geräuschpegel heranführen. Sie müssen also nicht auf Zehenspitzen durch das Haus huschen, sobald der Welpe bei Ihnen eingezogen ist. Beginnen Sie aber nun bitte nicht, willkürlich Lärm zu machen. Der Kleine muss behutsam an plötzlich einsetzenden Krach gewöhnt werden. Am besten gelingt es, wenn Sie eine zweite Person bitten, etwas in einem Nebenzimmer fallen zu lassen, während Sie mit Ihrem kleinen Racker in ein nettes Spiel vertieft sind.

Flüchtet der Kleine vor Schreck, trösten Sie ihn nicht, sondern lassen ihm Zeit, von sich aus wieder seinen Mut zusammenzunehmen.

Auch hier gilt wieder: Gewöhnen Sie Ihren Welpen allmählich an die verschiedensten Geräusche im Haus. Beobachten Sie ihn dabei genau.

Der Bassetwelpe wird schon bald merken, dass man Schrauben nicht fressen kann. Zum Schutz seiner Zähnchen sollten Sie in solchen Situationen lieber rasch eingreifen.

Gut, wenn man nicht mitten im Geschehen ist und ein wenig Ablenkung hat. So gewöhnt sich der Welpe langsam an den häuslichen Geräuschpegel.

Erschreckt er sich arg oder horcht er kurz auf, um dann weiterzuspielen? Erschreckt er sich, tun Sie selbst so, als sei nichts gewesen. Machen Sie nicht viel Aufhebens darum, wenn Ihnen plötzlich etwas – auch unbeabsichtigt – herunterfällt.

Hat sich der tierische Neuzugang an die Geräuschquellen im Haus gewöhnt, können Sie im Garten weiterüben. Je mehr Geräusche er kennenlernt, desto sicherer wird er dem Lärm in der Stadt begegnen.

Tipp

Kein Trost

Wie immer gilt:
Nicht trösten oder bemitleiden.

Es ist wichtig, dass der Kleine lernt, wie er sich bei unangenehmen und unerwarteten Geräuschen verhalten muss. Flucht sollte keine Lösung sein und Panik ist nicht angebracht, denn Sie sind in seiner Nähe. Sie sollten ihm immer das Gefühl geben, dass alles in Ordnung ist.

Bereits im Haus können Sie Ihren Welpen auf plötzliche, sehr unangenehme Geräusche vorbereiten, die ihm im Alltag begegnen können. Pusten Sie ein wenig Luft in eine Papiertüte und lassen Sie diese dann zerplatzen. Zunächst in deutlicher Entfernung zum Hund und ohne ihn vorher darauf aufmerksam zu machen, dass nun etwas passieren

Wasser marsch! Alles kann zum Abenteuer werden.

könnte. Beobachten Sie ihn wieder ganz genau. Dies üben Sie je nach Reaktion des Welpen immer einmal wieder. So bereiten Sie ihn gut auf die Welt da draußen vor.

Allerlei Gegenstände

Hunde und speziell Welpen haben mit unbekannten Gegenständen so ihre Schwierigkeiten. Unbelebten Objekten nähern sie sich meist mit einer gewissen Skepsis, je nach Vorerfahrung sogar mit Angst. Diese Angst kann sich in übermäßiger Vorsicht oder Anbellen äußern. Damit Ihr Welpe einen guten Start in die menschliche Umwelt bekommt, sollte er möglichst viele unbelebte Gegenstände kennenlernen. Schauen Sie sich deshalb in Ihrem häuslichen Umfeld um und geben Sie dem kleinen Naseweis möglichst viel Gelegenheit, die unterschiedlichsten Dinge kennenzulernen. Stellen Sie einen Eimer ins Wohnzimmer und beobachten Sie, wie sich der kleine Racker diesem nähert. Legen Sie eine Leiter auf den Rasen im Garten oder einen Wasserschlauch. Stellen Sie im Haus einen Besen an die Wand. Wie reagiert er auf den Wäscheständer, wie auf die im Wind flatternden Kleidungsstücke? Es gibt so viele Möglichkeiten.

Wichtig ist, dass Sie den Welpen nicht extra auf die Gegenstände aufmerksam machen, sondern lassen Sie ihn diese wie nebenbei „finden“. Beobachten Sie ihn dabei genau. Belohnen Sie neugieriges, eher neutrales Verhalten mit einem Leckerchen. Trösten Sie ihn nicht, wenn er sich erschreckt, sondern lassen Sie ihm Zeit, das Ding zu erkunden. Unterbrechen Sie ihn, wenn er den Gegenstand angreifen will. Ängstliche Welpen können unmittelbar in der Nähe des Gegenstandes mit einigen Leckerchen gefüttert werden. Achten Sie dabei darauf, nicht versehentlich ängstliches Verhalten zu belohnen.

Möchten Sie später mit ihm Fahrradtouren unternehmen, so sollte der Kleine unbedingt schon jetzt an das Fahrrad gewöhnt werden.

Aha!

Zur rechten Zeit

Fahrradtouren sind bis zum Erreichen der körperlichen Reife, die je nach Rasse zu einem anderen Zeitpunkt eintritt, tabu. Sie sind viel zu anstrengend und zu belastend für den kleinen, noch im Wachstum befindlichen Körper!

Geben Sie ihm die Chance, das Rad ganz unbefangen zu entdecken. Stellen Sie es vor die Haustür, wenn Sie wieder einmal mit ihm nach draußen gehen. Er muss gar nicht großartig Notiz davon nehmen. Später bewegen Sie das Gefährt ein wenig und achten auf seine Reaktion. Neutrales und neugieriges Verhalten belohnen Sie sofort. Abwehrschnappen nach den Reifen oder Hinterherlaufen unterbinden Sie unverzüglich. Ihren ängstlichen Welpen können Sie ans stehende Fahrrad herangeführen, indem Sie Leckerchen unmittelbar daneben füttern. Hat er es akzeptiert, bitten Sie eine zweite Person, damit einige Meter zu fahren, während Sie ihn gut festhalten.

Neugierig beäugt der Welpe den Wäscheständer. Bleibt er so gelassen, wenn die Kleidung im Wind zu flattern beginnt?

Nicht alles ist erlaubt

Welpen sind so süß, so drollig. Sie machen so viel Blödsinn. „Das dürfen sie doch, denn das wahre Leben kommt noch früh genug!" Haben Sie diesen Ratschlag ebenfalls schon von anderen Leuten gehört? Sobald Hunde auf die Welt kommen, lernen sie. Und was der Welpe bei Ihnen erlebt, speichert er in seinem Gehirn ab. Gerade in den ersten Lebensphasen und dann vor allem in der Sozialisationsphase (siehe Seite 6) wird der Ordner – Sie wissen schon: „K" für „Kenn ich" – gefüllt mit allem, was er darf und was er nicht darf, mit dem was er kennt. „Die Schuhe waren doch alt, die darf er ruhig zerbeißen!". Woher soll der Welpe aber wissen, dass Ihnen an diesen Schuhen nicht mehr viel liegt, jene aber sündhaft teuer waren? Wenn er Schuhe zerknabbert lernt er: Alles was herumliegt gehört mir und darf zerbissen werden.

Überlegen Sie, welche Folgen es haben könnte, wenn der Kleine alles dürfte? Wie wollen Sie ihm später klarmachen, dass das, was er zuvor durfte, nun plötzlich tabu ist. Nur weil er größer und kräftiger geworden ist? Oder weil wichtiger Besuch im Haus ist, dem man sich tadellos präsentieren muss? Wie soll ein Hund das verstehen? Für ihn sind Sie dann plötzlich unberechenbar und das, was Sie verlangen ist reine Willkür – so kommt es ihm vor. Zugegeben, Welpen stellen viel Blödsinn an und es ist für Sie nicht immer leicht, zum richtigen Zeitpunkt genau

Aha!

Grenzen setzen

Welpen erkunden ihre Umwelt gerne und das müssen sie auch, um sich gut zu entwickeln. Aber: Sie benötigen ebenso Grenzen, die ihnen die Hundemutter genauso vermitteln würde. Wenn man in einer Gemeinschaft zusammenlebt, gehören gewisse Spielregeln dazu.

Na, so aber bitte nicht! Das Vorpreschen aus der Haustüre sollte bereits jetzt unterbunden werden.

das Richtige zu tun. Auch Sie dürfen Fehler machen, nur sollte immer eine klare Linie erkennbar sein, die dem Jungspund als Anleitung dient. Beherzigen Sie diese Ratschläge, dann sind Sie auf dem richtigen Weg:

> Manches kann man mit Humor nehmen. Vieles, was man sonst dem erwachsenen Hund wieder mühevoll abgewöhnen müsste, muss aber schon jetzt geregelt werden. Entwickeln Sie ein Bauchgefühl dafür.
> Bleiben Sie konsequent, aber liebevoll. Seien Sie bitte nicht nachtragend, wenn Sie sich über den Strolch geärgert haben.
> Sprechen Sie mit ruhiger, fester Stimme zu ihm. Helle, schrille Töne kommen nicht so gut an.
> Verfolgen Sie weiter den Gedanken, dass Sie sein „Fahrlehrer" sind.

Manche Welpen nutzen bereits jetzt schon ihre körperliche Überlegenheit. Ja, Sie haben richtig gelesen: Die kleinen Fellknäuel sind nicht selten wesentlich schneller und wendiger als wir Zweibeiner. Gerne laufen Sie auch vor uns weg, wenn sie merken, dass uns das, was sie gerade tun so gar nicht passt. Das ist nicht gerade hilfreich für das Durchsetzen der Spielregeln.

So können Sie dem Naseweis ein Schnippchen schlagen: Befestigen Sie eine leichte Hausleine (zur richtigen Gewöhnung ans Halsband bzw. Geschirr lesen Sie bitte Seite 22) am Halsband

Was der Welpe zerknabbern darf und was nicht, entscheidet der Mensch. Was einmal tabu ist, muss es dann auch bleiben.

Ihres Welpen, die er hinter sich herziehen kann, ohne dass diese ihn beim Erkunden behindert. Sollte er Ihnen wieder einmal eine lange Nase machen, fassen Sie die Leine und halten den Kleinen sanft fest.

Zu den Grundregeln in der menschlichen Umwelt gehört es auch, dass der Welpe nicht überall der Erste sein muss. Grundsätzlich ist ein Welpe, der immer voranprescht nicht dominant, aber es gehört sich in mancher Situationen einfach nicht. Außerdem ist es mitunter höchst gefährlich, wenn er Ihnen beim Verlassen der Wohnungstür den Weg abschneidet und vor Ihnen auf die viel befahrene Straße flitzt.

Tipp zur Erziehung: Wenn Sie nicht möchten, dass der kleine Racker sich unentwegt an Ihnen vorbeidrängelt, stellen Sie einfach Ihr Bein aus und blockieren den Weg. Tun Sie das mit der festen Überzeugung, dass das Ihr gutes Recht ist. Verletzen Sie den Naseweis dabei aber nicht. Welpen wissen im Allgemeinen ganz genau, was Sie mit dieser Geste vermitteln möchten.

Sie müssen ihm nicht ständig und überall etwas verbieten und vorschreiben, was zu tun und zu lassen ist. Aber Grundregeln sollten Sie aufstellen, die dann von allen Menschen, die im Haushalt leben konsequent durch- und umgesetzt werden.

Aha!

Achtung Verletzungsgefahr

Die Hausleine darf der Welpe nur in Ihrer Anwesenheit tragen, sonst könnte er sich böse verletzen, wenn diese irgendwo hängen bleibt. Sie darf keine Schlaufe am Ende haben.

„Mein Futternapf gehört mir!“

Na ja, so einfach ist das nicht, liebe Welpen! Disziplin ist ebenfalls beim Fressen angesagt. Und auch da sollte der Mensch kontrollierend eingreifen und Regeln festlegen. Warum? In kaum einer anderen Alltagssituation geben junge Hunde so den Ton an, wie beim Fressen. Manche gebärden sich äußerst rabiat und unverschämt, ja respektlos. Sie springen an ihrem Menschen hoch, jaulen, schreien, wenn es nach ihrem Empfinden nicht zügig genug geht. Dann machen sie sich über den gefüllten Napf her, als gäbe es Morgen nichts mehr zu fressen und sobald man ihnen zu nahe kommt, brummen sie. Das ist weder niedlich noch in irgendeiner Weise zu tolerieren. Hier muss regulierend eingegriffen werden, damit es später nicht zu Futteraggressionen kommt. Allerdings benötigt es Ihr Fingerspitzengefühl. Menschliche Machtdemonstrationen sind für Welpen völlig unangemessen. Sorgen Sie unbedingt für eine ruhige, entspannte Atmosphäre. Während der Fütterung sollten Sie selbst nicht in Eile sein oder Hektik im Haus herrschen.

Bedenken Sie, dass Hunde gerne ihre Menschen dazu bringen möchten, etwas für sie zu tun, um ihren Kopf durchzusetzen. Man könnte das auch Manipulieren nennen, wenn sie es wirklich mit vollem Bewusstsein täten. Allerdings haben sie wohl eher durch den ständigen Erfolg gelernt, dass sie mit ihrem Verhalten bei uns meist zum Ziel kommen. Etablieren Sie ein Fütte-

Dem Verteidigen von Futter beugen Sie durch regelmäßige Tauschgeschäfte vor.

rungsritual, das Sie in Zukunft immer so durchführen. Das gibt dem kleinen Hauschnauf Orientierung und somit zusätzlich Sicherheit. Und es bringt Ruhe in Ihren Tagesablauf.

Ein paar einfache Regeln helfen Ihnen dabei:

1 Füttern Sie immer an derselben Stelle. Suchen Sie dafür einen ruhigen Ort aus. Füllen Sie den Futternapf auch nur zu den Essenszeiten.

2 Lassen Sie den Welpen eine Aufgabe wie „Sitz“ erfüllen, bevor Sie ihm den Napf freigeben.

3 Nehmen Sie den gefüllten Futternapf nicht weg, solange er noch frisst. Räumen Sie den Napf kommentarlos weg, sobald er fertig ist.

4 Sobald der Welpe sich vom Futter entfernt, ist die Fütterung zuende. Gefüttert wird dann erst wieder zur nächsten geplanten Uhrzeit.

5 Bleiben Sie während er frisst in seiner Nähe.

Sollte der Jungspund bei der gesamten Fütterung sehr aufgeregt sein, sich ständig umschauen oder sogar knurren, wenn Sie oder jemand anderes dem Napf zu nahe kommt, fehlt ihm vermutlich ein gewisses Grundvertrauen. Es könnte sein, dass er befürchtet, man könne ihm sein Fressen wegnehmen. Es gibt einige Tipps, wie man dieses Vertrauen festigen kann:

1 Füllen Sie vor den Augen Ihres Hundes eine kleine Portion der Futterration in den Napf und geben Sie diese nur nach Erfüllen seiner Aufgabe (beispielsweise „Sitz“).

2 Ist der Napf leergefressen, nehmen Sie diesen an sich und füllen erneut eine Portion hinein. Wie oft Sie pro Fütterung nachfüllen, ist vom Einzelfall abhängig.

3 Wiederholen Sie das immer wieder, bis Sie merken, dass Ihr Welpe entspannter frisst. Achten Sie aber darauf, dass diese Maßnahme den Welpen nicht noch mehr stresst.

Damit Ihr kleiner Rabauke später nicht alles, was er einmal im Maul hat, vehement verteidigt, muss auch das Hergeben gelernt werden. Dies könnte schließlich notwendig werden, wenn Ihre Neugiernase wieder einmal etwas nach seinem gusto Leckeres entdeckt hat, Sie aber nicht möchten, dass er es frisst. Gründe dafür könnten seine Futterunverträglichkeit sein, genauso wie die Angst, dass er dabei ist, etwas Unbekömmliches oder gar Giftiges zu verschlingen. Nehmen Sie ihm aber nicht einfach den gefüllten Futternapf weg, um zu zeigen, dass Sie das Sagen haben.

Tauschen heißt hier das Zauberwort. Tauschen Sie im ersten Schritt einen leckeren Kauknochen gegen einen noch leckereren. Wenn er begriffen hat, dass es hier um Tauschgeschäfte geht und er bereits Vertrauen zu Ihnen gefasst hat, können Sie auch einmal den Napf hochheben, um diesen dann sogleich wieder vor ihn hinzustellen, damit er weitermampfen kann. Achten Sie dabei auf ihn, wenn er weiterfrisst. Wird er nun hektischer oder frisst er in gewohntem Tempo weiter? Geben Sie ihm immer die Sicherheit, dass ihm nichts genommen wird, sondern dass es nur darum geht, einen Moment zu warten.

„Ich darf Menschen nicht anspringen!“

Ähnlich wie beim Thema des zu festen Beißens, so ist es auch mit dem Anspringen von Menschen. Da es darüber jedoch so viele unterschiedliche Ansichten unter Hundehaltern und Hundeerziehern gibt, wollen wir hier genauer darauf eingehen:

Warum springen Hunde überhaupt Menschen an und warum tun das Welpen besonders ausgiebig? Gut kann man dieses Verhalten bei freilebenden Wolfsfamilien beobachten. Wolfswelpen stupsen die Schnauze der Mutter an, damit diese Futter hervorwürgt. Um die Schnauze zu erreichen, müssen sie ein wenig hochspringen. Die Mutter würgt auf diesen Reiz hin die Beute aus, die die Kleinen dann fressen dürfen. Außerdem

Aha!

Reiner Übermut?

Manchmal springen Welpen und junge Hunde ihre Menschen aus lauter Übermut an, zum Beispiel im Spiel. Da heißt es einfach nur: Ignorieren. Also: Nicht ansehen, nicht ansprechen, nicht anfassen. Oder sie wollen Ihre Aufmerksamkeit erzwingen. Auch hier gilt: Ignorieren!
In anderen Fällen zeigen unsere Hunde ihre Verunsicherung oder Überforderung mit Anspringen, zum Beispiel, wenn sie nicht verstehen, was wir gerade von ihnen verlangen. Dann sollten Sie überlegen, was in der jeweiligen Situation dazu geführt hat.

Auch wenn das Anspringen vom Welpen meist nett gemeint ist, gewöhnen Sie es ihm rechtzeitig ab.

finden sehr viele soziale Kontakte im Schnauzenbereich statt. Was wir mit den Händen tun, wie Liebkosen, Streicheln etc., das findet bei Wölfen und Hunden vorwiegend mit dem Maul statt. Die Welpen rangeln mit dem Maul der Mutter, das schafft auch Vertrauen. Wenn Hundekinder an uns hochspringen, so möchten sie also unser Gesicht erreichen, mit uns Sozialkontakt aufnehmen.

So nett dies also gemeint ist, Sie sollten Ihrem kleinen Racker schon früh das Anspringen abgewöhnen, egal, wie groß und schwer er als ausgewachsener Hund auch werden wird. Nicht alle Menschen mögen es, von Hunden angesprungen zu werden. Manche Hunde übertreiben es sehr und können nicht nur lästig werden, sondern kleine Kinder oder ältere Menschen erschrecken oder sogar verletzen, indem sie sie umwerfen und zu Fall bringen.

Da das Anspringen eine Form der Kontaktaufnahme ist, sollten Sie unbedingt ein alternatives Begrüßungsritual einführen. Grobes Verhalten des Menschen wie heftiges Wegschubsen, Treten, Herunterdrücken, mit Wasser bespritzen oder Ähnliches beeinträchtigt nachhaltig die Mensch-Hund-Beziehung und das aufkeimende Vertrauensverhältnis zwischen Ihnen und dem Welpen! Manche Welpen springen nach erfolgter Abweisung gar noch heftiger an Ihnen hoch, da sie keine Alternative kennen.

Die Methode der ersten Wahl ist es, dem Welpen erst dann Aufmerksamkeit in Form von Leckerchen oder Zuwendung zu geben, wenn er mit allen vier Pfoten vor Ihnen steht oder sitzt. Das verstehen die kleinen aufgeregten Fellkinder im Allgemeinen schnell, wenn Sie konsequent sind und Nachbarn und Familienmitglieder ebenfalls bitten, bei dieser Umgewöhnung mitzumachen.

Bei sehr aufgeregten Hunden ist es am besten, gar nichts zu sagen und stattdessen auf die Leine zu treten (zur Hausleine siehe Seiten 36 und 41), bis er sich beruhigt. Je mehr Aufmerksamkeit er bekommt, desto schwieriger wird es, ihm das Anspringen abzugewöhnen.

„Wer ist das da im Spiegel?“

Viele Welpen bellen ihr Spiegelbild an, wenn es ihnen aus einer Fensterscheibe oder einem Spiegel entgegenblickt. Sie können sich selbst nicht erkennen, so wie es wir Menschen tun und Menschenkinder ab einem gewissen Alter. Was genau in ihren Köpfen vorgeht, wissen wir nicht. Manche Forscher sehen dieses als einen Beleg dafür an, dass Hunde kein Bewusstsein ihrer selbst hätten. Da Hunde sich aber

„Wer bist denn du?“ Hunde können sich nicht im Spiegel erkennen.

geruchlich orientieren, vermutet man, dass sich ihre Selbsterkenntnis mehr vom Eigengeruch ableitet.

Sollten Sie sich also wundern, warum Ihr kleiner Racker wie wild einen imaginären Feind verbellt, so könnte es daran liegen, dass er sein eigenes Spiegelbild nicht zuordnen kann.

In diesem Fall müssen Sie gar nicht viel unternehmen. Lenken Sie ihn ab, damit er sich aus der Situation löst. Im Laufe der Zeit wird er sich daran gewöhnen, dass dem anderen Hund im Spiegel keine Bedeutung beizumessen ist. Wie lange das dauert, ist vom Einzelfall anhängig.

Achten sollten Sie darauf, dass der Welpe sich nicht an seinem Spiegelbild „festbeißt“ und immer und immer wieder den vermeintlichen Feind verjagen will. Dann müssen Sie ihm eine Alternative anbieten, zum Beispiel einen Gang in den Garten oder ein gemeinsames Spiel.

So allein?

Eine der wichtigsten Lektionen für Ihren kleinen Racker ist es, zu lernen, dass sich die Welt nicht immer um ihn dreht und er sich auch schon einmal einige Minuten nur mit sich selbst begnügen muss. Beginnen Sie in ganz kleinen Schritten und zunächst erst einmal in der Wohnung. Lassen Sie ihn auf seiner Decke dösen, während Sie in die Küche gehen und kehren umgehend zurück. Verlassen Sie den Raum für immer längere Zeit, maximal einige Minuten reichen.

Sollte der Welpe herumnörgeln oder fiepen, ignorieren Sie dies und warten Sie mit Ihrer Rückkehr in den Raum, bis er still ist. Die Rückkehr in den Raum ist

Der Welpe weiß bereits genau, ob der Mensch nun das Haus verlassen wird.

keine große Sache, denn Sie bewegen sich schließlich in Ihrem Haus und kommen nicht von einem 4-monatigen Auslandsaufenthalt wieder!

Wenn dies gut klappt, können Sie damit beginnen, die Wohnung wirklich einmal zu verlassen. Gehen Sie auf die Terrasse und der Hund bleibt drinnen. Bringen Sie den Müll vor die Haustür oder schauen Sie nach der Post. Anfangs sind es wirklich nur Sekunden oder Minuten, die der Kleine alleine zurückbleibt. Gehen Sie von Anfang an ganz selbstverständlich aus dem Haus. Ihr Hund wird auf alles achten, was Sie kurz vor dem Verlassen des Hauses tun, was Sie anziehen, welche Gegenstände Sie mitnehmen. Das sind ganz starke Signale für ihn, die dem Hund in Zukunft ankündigen werden, dass nun eine mehr oder weniger lange Phase des Alleinseins bevorsteht.

Manche Hundehalter verabschieden sich sogar ausführlich von ihrem Hund und versuchen ihn zu beruhigen: „Ich bleibe nicht lange weg, sei schön artig!“. Somit bekommt die Verabschiedung noch mehr Dramatik, vor allem, wenn Sie selbst dabei ein ungutes Gefühl

Aha!

Vorsicht ist besser als Nachsicht

Bleiben Sie anfangs nur wenige Minuten aus dem Sichtfeld des Welpen. Er sollte in dieser Zeit keine Gelegenheit haben, Blödsinn anzustellen. Räumen Sie gefährliche Gegenstände (wenn Sie dies nicht bereits schon vor Einzug des Welpen gemacht haben), Pflanzen und Nahrungsmittel aus seiner Reichweite. Aus Langeweile entsteht schnell Erkundungsverhalten.

„Wo bleibt denn nur mein Mensch?“ – nach regelmäßigem Training hat der Welpe gelernt, dass es nicht mehr lange dauern wird, bis er zurückkommt.

Aha!

Richtiges Timing

Hören Sie Ihren Hund hinter der verschlossenen Tür jaulen oder bellen, so dürfen Sie – so weh es Ihnen auch tut – in diesem Augenblick nicht wieder in die Wohnung zurückkehren. Warten Sie den Moment ab, indem er ruhig ist und kommen dann, quasi als Belohnung zurück. Andernfalls lernt der Welpe, dass Bellen und Jaulen seinen Menschen zurückbringen.

haben. Das überträgt sich auf den jungen Hund. Seien Sie sicher, dass das für den Welpen zwar nicht angenehm ist, aber zum Zusammenleben dazu gehören muss. Oder wie wollen Sie Ihren Alltag später organisieren, wenn der Welpe nicht gut alleine bleiben kann?

Deshalb ist es wichtig, dass Ihr Welpe keine Gelegenheit hat, bestimmte Verhaltensmuster mit dem späteren Zurückgelassenwerden zu verknüpfen:

1 Gehen Sie aus diesem Grund zum Beginn des Trainings ohne sich umzuziehen vor die Tür, um bereits Sekunden später zurückzukehren. Die Dauer dieser Übung dehnen Sie nach und nach immer weiter aus.

Oder:

2 Ziehen Sie Ihre Jacke an und machen es sich auf dem Sofa gemütlich, ohne Wegzugehen. So verknüpft der Welpe die Vorbereitungen nicht mit dem Alleinsein. Üben Sie häufiger.

Genauso selbstverständlich wie das Hinausgehen sollte auch das Wiederkehren ablaufen. Ist Ihr Welpe völlig aufgeregt, wenn Sie zurückkehren, dann begrüßen Sie ihn nur kurz (!), indem Sie etwa „Hallo ..." sagen und sich dann nicht weiter um ihn kümmern. Ist er ruhig, rufen Sie ihn zu sich und streicheln ihn ein wenig.

Lassen Sie den Welpen bitte nicht in für ihn unbekannter Umgebung alleine. Wenn Ihr Hund älter wird, sollten Sie Alleinbleibe-Übungen immer einmal wieder in den Tagesablauf einbauen, gerade wenn Sie selten ohne ihn aus dem Haus gehen. Bedenken Sie auch, dass viele Hunde nach Wochenenden oder gemeinsamen Urlauben dann am ersten Tag, an dem der Alltag wieder eingekehrt ist, große Schwierigkeiten haben, alleine zu bleiben.

Treppensteigen verboten?

„Ihr Welpe darf keine Treppen steigen!" ist eine Aussage, die Sie sicher schon des Öfteren gehört oder gelesen haben. Prinzipiell ist dies auch zutreffend, damit seine Knochen, Bänder und Gelenke nicht überbeansprucht werden. Tragen Sie Ihren Welpen im Alltag so lange es geht über die Stufen. Dafür ist es gut, wenn er bereits das Gehalten- und Getragenwerden als etwas Positives erlebt hat. Jedoch sollte Ihr Welpe Treppenstufen unbedingt kennenlernen. Es gibt nämlich so viele verschiedene Treppen, manche sind massiv aus Stein oder Holz, bei anderen kann man zwischen den einzelnen Stufen hindurchsehen. Manche Geländer machen den kleinen Entdeckern Angst, auch die Höhe ist nicht jederhunds Sache. Deshalb sind wieder Sie gefragt, ihm als „Fahrlehrer" zur Seite zu stehen. Beginnen Sie mit den Treppen im und am Haus, da finden sich sicher ganz verschiedene Typen.

Ihr Welpe erlebt das Treppenabenteuer positiv, wenn Sie ganz behutsam beginnen und ihn zunächst die erste untere Stufe einer möglichst massiven Treppe erkunden lassen. Wie sich Ihr Welpe verhält, ist zudem eine Größenfrage. Kleinen Hunden kommt eine Treppenstufe eher unheimlich vor als größeren Exemplaren. Beobachten Sie ihn genau, ist er ängstlich, dann lassen Sie ihm etwas Zeit zum Nachdenken und ermutigen ihn vorsichtig. Belohnen Sie jede Kontaktaufnahme mit der Treppe mit Lob oder Leckerchen. Hat er Angst, gehen Sie einige Schritte vor und ermuntern ihn mit einer sicheren Stimme. Lassen Sie ihm Zeit, bedrängen Sie ihn nicht. Er muss erst Mut fassen, die Situation abchecken. Erst im nächsten

Tipp

Wichtiger Sicherheitshinweis

Jede Treppe sollte mit einem Gitter gesichert werden, damit der Kleine nicht herunterfällt. Auch dann sollte der Welpe sich nicht ohne Aufsicht im Treppenhaus aufhalten. Neben bösen Verletzungen können lebenslange Ängste die Folge sein.

Treppen und natürliche Hindernisse erfordern Mut. Gut, wenn eine helfende Hand in der Nähe ist.

Treppensteigen ist unter Anleitung als Umweltabenteuer erlaubt.

Schritt geben Sie dem Racker die Möglichkeit, die erste Stufe zu betreten. Fortgeschrittene Welpen dürfen auch schon einmal eine Stufe erklimmen, bei der man nach unten hindurchsehen kann. Aber bitte nur mit entsprechender Vorsicht und Ihnen in der Nähe, damit er nicht mit der Pfote zwischen die Stufen gerät. Sollte er sich jetzt verletzten, könnte er den Schmerz mit der Treppe assoziieren.

Freuen Sie sich, wenn er diese Hürde, die es im wahrsten Wortsinn für ihn ist, genommen hat. Achten Sie darauf, dass er nun nicht übermütig wird und ab sofort voller Begeisterung selbstständig jede Treppe erklimmen möchte. Dafür ist es noch zu früh.

Abenteuer vor der Tür

Ihr Welpe kennt den Garten sicherlich schon von ersten kleinen Gassirunden. Freuen Sie sich nun auf die nächsten Abenteuertouren rund ums Haus.

Welpes Gartenwelt

Im Garten begegnen Ihrem Welpen eine Fülle von Eindrücken, Gerüchen, Geräuschen, vielleicht sogar mit tierischen Mitbewohnern oder Gästen. Ein wahres Paradies! Ein Paradies mit Tücken?

Geben Sie dem Knirps Gelegenheit, den Garten auf eigene Faust zu inspizieren, aber immer mit Ihnen an seiner Seite. Lassen Sie ihn schnuppern, gucken, beobachten. Ermuntern Sie ihn, weiterzugehen und bremsen Sie ihn sanft, wenn er zu stürmisch überall seine Nase hineinstecken will.

Im gesicherten Gartenbereich können Sie den kleinen Kerl auch gut beobachten. Wie reagiert er auf Unbekanntes? Ist er eher vorsichtig oder der Hauschnauf, der alles inspiziert? Bellt er, wenn er verunsichert ist oder kehrt er schutzsuchend zu Ihnen zurück? Diese Beobachtungen geben Ihnen wichtige Anhaltspunkte für Ihre weiteren gemeinsamen Abenteuer.

Im Garten kann er verschiedene Bodenbeschaffenheiten kennenlernen, wie Rasen, Erde, Stein, Mulch etc. Allerlei Gegenstände sind für die Sozialisation des Knirpses geeignet: Plastikbecher, die über den Weg kullern, eine Gießkanne, eine Gartenfigur. Lassen Sie Ihrer Phantasie freien Lauf und machen den Welpen damit bekannt.

Im Garten ist nun auch Gelegenheit für gemeinsame Spiele. Versuchen Sie, sich selbst mit einzubringen, statt nur Bällchen oder Baumwollseil. Ja, Sie haben richtig gelesen! Seien Sie der Spielpartner Ihres Welpen. Verstecken Sie sich hinter einem Baum und lassen Sie den Welpen Sie finden. Sollte er Angst bekommen, machen Sie sich geräuschvoll bemerkbar, sodass er weiß, wo Sie sind. Laufen Sie ihm nach, rutschen Sie mit dem Kerl auf dem Rasen herum, freuen Sie sich.

Das sind die schönsten Erlebnisse, die Mensch und Hund haben können. Hier ist beinahe alles erlaubt, nur zu feste beißen darf er nicht, dann beenden Sie kurz das Spiel. Sie werden

Tipp

Wichtiger Sicherheitshinweis

Bereits vor dem Einzug sollten Sie den Garten, genauso wie das gesamte Haus, welpensicher machen. Nur Pflanzen, die hundertprozentig ungiftig sind, dürfen in seiner Reichweite sein. Und die Reichweite eines neugierigen Welpen ist größer als Sie denken. Schuppen sollten verschlossen, Schächte abgesichert, Düngemittel und Co. unzugänglich sein. In einem Welpengarten gibt es kein Schneckenkorn, keine rostigen Nägel, keine offenen Wassertonnen. Um auf Nummer Sicher zu gehen, lassen Sie den Welpen niemals unbeaufsichtigt im Garten.

Im Garten gibt es immer etwas zu entdecken und vor Überraschungen ist man nie gefeit – wer hier mehr Angst hat, Hund oder Frosch?

sehen, wie müde er danach ist – und glücklich. Zeit fürs Schlafen!

Bitte beachten Sie: Haben Sie keinen eigenen Garten, so können Sie viele der Abenteuer auch auf einer Freifläche in unmittelbarer Wohnungsnähe erleben. Achten Sie aber darauf, dass diese keine allgemeine Hundetoilette ist und kein Unrat herumliegt, damit der Kleine nicht krank wird oder sich verletzt. Ihr Naseweis sollte unbedingt angeleint und unter Aufsicht sein. Schauen Sie bitte zudem genau hin, woran er knabbert und bedenken Sie, dass nicht alle Pflanzen ungiftig sind.

Tierische Mitbewohner

Leben in Ihrem Haus oder Garten weitere Tiere? Prima, dann kann es mit der Umwelterziehung ja gleich weitergehen. Gleichermaßen gilt: Es gibt einige Spielregeln zu beachten. Bekanntschaft mit einem weiteren, älteren Hund im Haushalt lässt sich am besten außerhalb des Hauses, in neutraler Umgebung schließen, am besten einige Tage bevor der Mini einzieht. Ist der bisherige Alleinherrscher ein souveräner Vertreter seiner Art, so besteht kaum Grund zur Sorge. Dann vermittelt er dem Welpen schnell auf Hundemanier, was zu viel ist und was erlaubt. Sind Sie nicht so sicher, wie der ältere Hund in seinem Zuhause auf den quirligen, fremden Neuzugang reagieren wird, so nehmen Sie ihn erst einmal an die Leine, denn es ist sein Revier.

Wie sich das weitere Zusammenleben zwischen den beiden Hunden entwickelt, hängt auch ein wenig von Ihnen ab. Sie sollten den Hausherrn nun nicht zu kurz kommen lassen und sich nicht ausschließlich um den süßen Wonneproppen kümmern.

In vielen Haushalten leben ebenfalls Katzen. Gut, wenn Ihre Katze zu der in sich ruhenden Kategorie gehört. Anders

Aha!

Gibt es den Welpenschutz?

Der Begriff bezieht sich nur auf das Wolfs- oder Hunderudel, in dem der Welpe geboren wurde. Aber auch dort kann er längst nicht alles anstellen und wird gemaßregelt, wenn er zu frech oder distanzlos ist. Verlassen Sie sich also nicht darauf, schon gar nicht, wenn Sie draußen auf unbekannte Hunde treffen.

als beim zweiten Hund, sollte die Begegnung mit der Katze im Haus stattfinden und so, dass die Katze sich jederzeit zurückziehen kann, sollte der Welpe zu übermütig werden. Schnuppern ist erlaubt, sollte der Welpe zu frech werden, müssen Sie eingreifen. Meist klappt es in dem Alter noch recht unkompliziert mit der Zusammenführung der zwei Arten.
Bitte beachten Sie: Hunde können meist sehr wohl zwischen der häuslichen Katze und einer fremden unterscheiden. Lässt Ihr Welpe die heimische Katze in Ruhe, heißt das noch lange nicht, dass er draußen nicht doch den Samtpfoten hinterherjagt!

Auch wenn der Welpe die eigene Katze mag, heißt das nicht, dass er später wirklich katzenverträglich sein wird.

Wie sieht es mit Kleintieren oder Vögeln aus? Viele der Tiere, die wir in unseren Häusern halten, gehören für Hunde zur Jagdbeute. Manche Hunde, allen voran die Terrier, wurden sogar eigens gezüchtet, um Häuser und Bauernhöfe frei von Nagern zu halten. Der Welpe sollte also von Anfang an begreifen, dass Kleintiere und Vögel zur Familie gehören und keine Jagdbeute sind. Am besten ist es, wenn Sie dem Welpen ermöglichen, diese kennenzulernen, zum Beispiel hinter den Käfiggittern oder von Ihrem Arm aus. Machen Sie gar nicht so viel Trara um diese weiteren Familienmitglieder, sonst werden sie für die kleine Neugiernase viel zu interessant, sie gehören einfach zur Familie. Basta. Genauso verfahren Sie mit Kaninchen, Hühnern oder anderen Nutztieren, die bei Ihnen leben. Lassen Sie Hund und Kleintiere jedoch niemals alleine miteinander.

Alle Wetter

Unglaublich, es gibt Welpen, die in ihrer ersten Lebensphase keinen Regen kennengelernt haben und erstaunt sind, wenn es nach einer Trockenperiode zum ersten Mal regnet. Wetterphänomene können Sie natürlich nicht so einplanen, wie beispielsweise einen Stadtspaziergang oder eine Autofahrt (siehe Seite 60). Jedoch gehören eben auch Regen, Wind, Sonnenschein zur Lebenswirklichkeit dazu. Wie fühlt sich ein trockener, wie ein nasser Boden an?

So lernt der Welpe das nasse Element kennen: Mit einer Gießkanne oder einem Wasserschlauch kann man eine Ecke im Garten nassspritzen oder bei angenehmen Temperaturen einen kleinen Pool mit nur wenig Wasser füllen. Dann darf der Kleine alles nach Herzenslust erkunden. Bleiben Sie immer an seiner Seite und loben Sie ihn für seinen Mut. Danach dürfen Sie ihn sanft trockenreiben.

Auch das gibt es: Welpen, die gelernt haben, sich an einer bestimmten Stelle zu lösen, tun dies plötzlich nicht mehr, wenn der Untergrund nun nass ist. Da hilft kein Zerren und Schimpfen, sie sind einfach verunsichert. Gewöhnen Sie den Welpen mit Geduld an die neue Situation.

Da die körpereigenen Regulationsmechanismen auf unterschiedliche Temperaturen reagieren, sollte der Welpe im Garten auch einmal den Sonnenschein auf seinem Fell fühlen. Wenn es ihm zu warm wird, beginnt er zu hecheln und schneller zu atmen.

Bringen Sie ihn in den Schatten oder ins Haus, wenn Sie merken, dass er von sich aus, keinen kühleren Ort aufsucht.

Besonders eindringliche Wetterphänomene sind Gewitter mit Blitz und Donner. Sollte ein solches im Anmarsch sein, gehen Sie mit dem kleinen Strolch ins Haus und beobachten das Spektakel aus sicherer Entfernung durch die Fensterscheiben. Wird er unruhig? Betrachtet er den aufkommenden Wind mit Neugier? Wie reagiert er auf einen Donnerschlag?

Damit Ihr Welpe ein Gewitter positiv erlebt, können Sie ihn folgendermaßen unterstützen:

- Lassen Sie ihn aus dem Innern des Hauses das heranziehende Gewitter beobachten. Machen Sie ihn aber nicht extra auf das Wetterphänomen aufmerksam.
- Seien Sie selbst nicht angespannt und versuchen Sie Ihre eigene Gewitterangst (sofern vorhanden) nicht auf den Welpen zu übertragen.
- Spielen Sie während des Unwetters mit ihm ein Suchspiel im Haus, so dass er sich nicht zu sehr auf das Gepolter und die Lichtblitze konzentriert.
- Reden Sie nicht beruhigend auf ihren Jungspund ein.

Aha!

Sie sind gefragt

Beobachten Sie Ihren Welpen genau, wie er auf die verschiedenen Wetterphänomene, ansteigende Temperaturen, Windböen etc., reagiert. Hechelt er leicht, wenn es wärmer wird? Wird er unruhig, wenn Wind aufkommt? Seien Sie immer da für ihn und handeln Sie vorausschauend.

Schnee ist für Welpen ein Riesenabenteuer – aber nicht jeder kann es jahreszeitlich bedingt erleben.

Nach dem Gewitter können Sie Ihren Herumtreiber wieder in den Garten lassen. Es gibt sehr viel zu erschnuppern. Lassen Sie ihn ruhig in Pfützen tapsen. Vermeidet er gar allzu feuchte Stellen? Dann sollten Sie ihm in der nächsten Zeit häufiger Bekanntschaft mit dem nassen Element ermöglichen.

Manche Wetterereignisse stehen nicht ganzjährig für unsere Welpenumwelterfahrungen auf dem Programm, wie Schnee oder Eis. Wenn doch, so achten Sie darauf, dass der Kleine nicht zu viel Schnee frisst, dass er nicht durch tiefen Schnee laufen muss, um seine Gelenke und Bänder zu schonen, und geben ihm behutsam die Möglichkeit, gefrorenen Untergrund kennenzulernen.

„Da geh ich nicht durch!"

Tore und Türen können Welpen unheimlich sein. Sie quietschen, öffnen sich von Geisterhand, bewegen sich womöglich noch auf sie zu. Da erschrickt nicht selten auch der mutigste Strolch und legt den Rückwärtsgang ein. Warum ist das so? Versuchen Sie einmal seine Perspektive einzunehmen: Während Sie die Türe öffnen und wissen, was Sie da tun, bemerkt der Welpe nur, dass etwas Großes auf ihn zukommt. Er kann den Zusammenhang zwischen Ihrer Handlung und dem sich bewegenden Monstrum nicht herstellen.

Das Üben des Umweltabenteuers „Tor und Tür" ist wichtig, denn außerhalb des Hauses wird dem Welpen viel begegnen, was sich scheinbar auf unheimliche Weise bewegt.

Besonders beängstigend ist es für den Kleinen, wenn die Tür auf ihn zukommt, wie etwa durch einen starken Windstoß. Schlimm, wenn Sie dann gerade nicht in der Nähe sind und ihm dabei helfen können, das Erlebte einzuordnen. Achten Sie also auch im Haus darauf, dass Türen nicht einfach so zuknallen können, damit sich der kleine Kerl nicht erschrickt oder gar verletzt.

Sie könne Ihrem Welpen Türen und Tore positiv vermitteln, indem Sie beispielsweise so vorgehen:

1 Ihr kleiner Herumtreiber sollte sich in einiger Entfernung zur Tür befinden, wenn Sie diese öffnen.

2 Beobachten Sie ihn genau. Ist er ängstlich und geht einige Schritte zurück?

3 Warten Sie ab, bis er sich beruhigt hat und öffnen Sie die Tür erneut.

4 Sobald Ihr Welpe ruhig bleibt, loben Sie ihn oder geben ihm ein Leckerchen.

Dieser Welpe steht auf dem Bremspedal und will nicht mehr weiter – nun ist es an seinem Menschen, ihn einfühlsam zum Weitergehen zu bewegen.

5 Sie können auch eine Leckerchenspur legen, die er bis zur Tür verfolgen kann. Sie sollten diese dann aber nicht bewegen, damit er Vertrauen fassen kann.

Es benötigt unter Umständen viele Übungen, bis der Welpe keine Angst mehr vor der Tür hat. Auch hier ist Trösten oder Bemitleiden völlig fehl am Platz. Sollte er noch nicht so weit sein, loben Sie einen mutigen Schritt in Richtung Tür und lassen Sie es für heute gut sein. Üben Sie an einem anderen Tag weiter. Auch der ängstlichste Knirps wird schon bald durch die Türöffnung gehen. Manchen allerdings macht so etwas gar nichts aus. In diesem Fall können Sie souverän mit ihm an Ihrer Seite einfach hindurchgehen. Je selbstverständlicher Sie sich geben, desto besser.

Das Türabenteuer sollten Sie mit mehreren verschiedenen Türen und zusätzlich außerhalb des Hauses üben. Achten Sie draußen unbedingt auf eine gute Absicherung des Welpen, damit er nicht panisch davonlaufen kann. Ähnliche Reaktionen zeigen manche Hunde auch auf Rollos oder Jalousien, die sich geräuschvoll heben oder senken. Loben Sie hier ebenfalls ruhiges, abwartendes Verhalten.

Alles, was rollt und sich bewegt

Skateboards, Fahrräder oder Wakeboards machen dem Kleinen häufig Angst. Der Welpe weicht verschreckt zurück, wenn ein solches Gerät an ihm vorbeirauscht oder er möchte hinterherrennen. Besonders gegen Ende der Welpenphase beginnen viele Hunde damit, plötzlich Blättern nachzujagen und generell allem, was sich bewegt, beispielsweise auch Insekten, Vögeln oder Joggern. Es ist im wahrsten Sinne des Wortes das, wonach es aussieht: Beutefangverhalten.

Viele Hundehalter finden dieses Verhalten oft belustigend. Bedenken Sie bitte, dass es sich hier um den Beginn einer Handlungskette handelt, an deren Ende das Erlegen von Beute steht. Oftmals wird in diesem frühen Alter der Grundstein für ein dann nicht mehr handelbares Jagdverhalten gelegt. In diesem frühen Alter gelingt es jedoch noch leicht, unseren Hunden eine Alternative zum Hinterherrennen beizubringen:

- Geben Sie dem Welpen die Möglichkeit, Jogger und Fahrradfahrer von der Ferne zu beobachten und verkürzen Sie allmählich die Distanz.
- Belohnen Sie ihn, wenn er ruhig sitzen bleibt. Beobachten Sie ihn genau. Hier kann das Ruheritual ebenfalls (Seite 55 und Klappe hinten) für eine entspannte Stimmung sorgen.

Aha!

Richtiges Timing

Wenn der Kleine endlich durch die Tür geht, sollten Sie ihn nicht erst loben, wenn er wieder aus der Türöffnung herausgetreten ist, sondern, wenn er gerade darin steht. Sonst könnte er glauben, Sie lobten ihn für das schnelle Durchlaufen und nicht für das ruhige Hindurchgehen.

Tipp

Wichtig

Beutefangverhalten muss von Anfang an als solches erkannt werden und mit einem Signal wie „Nein“ oder „Stopp“ abgebrochen werden.

Keine leichte Aufgabe: dem Kind mit dem rollenden und ratternden Board nicht hinterherzulaufen.

- Lassen Sie es gar nicht soweit kommen, dass der Welpe in den Rennmodus verfällt. Falls doch, so hindern Sie den Welpen am Fortkommen, indem Sie ihn beispielsweise den Weg abschneiden (siehe Seiten 21 und 38).
- Führen Sie ein Berührungssignal wie „Stups“ ein (siehe Seite 28), damit er auf andere Gedanken kommt.

Gewöhnen Sie Ihren kleinen Tausendsassa auch unbedingt an Rollstühle und Rollatoren sowie andere Gehhilfen, vor allem im Interesse der Menschen. Niemand, der in seiner Mobilität eingeschränkt ist, möchte, dass ihm ein Hund entgegenstürmt oder seinen Weg abschneidet. Hier heißt es ebenfalls wieder: Ruhiges Verhalten wird belohnt. Je mehr der Kleine von der Menschenwelt kennenlernt, desto besser. Der Ordner „K“ füllt sich nun immer mehr!

Die Leine: eine gute Verbindung

Wenn sich der Kleine an das Halsband gewöhnt hat – und das geht meist recht schnell (sollte er dabei Probleme haben siehe Seite 22) – geht es darum, auch die Leine mit positiven Empfindungen zu verbinden. Das Zerren an der Leine ist eines der häufigsten „Probleme“, von dem Hundehalter berichten. Im Welpenalter ist es noch lustig anzuschauen, wenn der kleine Kerl seinen Menschen in der Gegend herumzerrt oder ständig in die Leine beißt. Bei einem ausgewachsenen Hund mittlerer bis großer Größe wird dies jedoch zum echten Kraftakt. Dabei ist es gar nicht so schwer, der Leine eine neutrale, wenn nicht sogar positive Bedeutung zu geben. Und das beginnt, wie nicht anders zu erwarten, beim Menschen: Wie auch das Halsband, so darf

Aha!

Von Anfang an

Da es heute in vielen Lebensbereichen gar nicht mehr anders geht, als den Hund an die Leine zu nehmen, ist es besser, von Anfang an mit der Leine ein positives Umweltabenteuer zu verbinden.

die Leine niemals gewaltsam angelegt werden. Die Leine ist kein notwendiges Übel, das den Vierbeiner daran hindert, sich frei zu bewegen. Sie ist zudem kein Hilfsmittel, mit dem der Hund in alle möglichen Richtungen gezogen oder bugsiert werden kann. Und: Sie ist schon gar kein Sanktionsmittel, um dem Hund unliebsame Verhaltensweisen abzugewöhnen. Die Leine ist zudem kein Signal dafür, dass jetzt etwas Spannendes zu Ende geht, wie ein Spiel mit seinen Hundekumpels. Das Anlegen der Leine sollte mit einem folgenden angenehmen Ereignis verknüpft werden, zum Beispiel dem gemeinsamen Spaziergang.

Üben Sie bereits zu Hause und im Garten das Laufen an der Leine! Betrachten Sie die Leine als ein Band zwischen sich und dem kleinen Kerl. Sie geben ihm damit die Sicherheit, dass Sie in seiner Nähe sind und ihm nichts passieren kann. Sie können ihn sanft in Situationen führen, die neu für ihn sind oder ihm auch die Entscheidung erleichtern, wenn er ängstlich reagiert. Bleiben Sie angesichts einer Situation, die ihn erschreckt, ruhig stehen und halten die Leine locker in Ihrer Hand, so wird Ihr Vierbeiner schon bald merken: „Puh, hier bin ich gut aufgehoben."

Sollte er Sie in für ihn interessante Richtungen zerren, wie es bei sehr aufgeweckten und willensstarken Hundchen nicht selten ist, so bleiben Sie einfach stehen, ohne allerdings an der Leine zu rucken. Ziel sollte es sein, dass der kleine Entdecker entspannt neben Ihnen, ein wenig vor oder hinter Ihnen läuft, also nicht die ganze Länge der Leine beansprucht. Ideal ist es auch, mit der Leine noch ein anderes Signal zu verbinden, das sogenannte Ruhesignal (siehe Kasten).

Die Leine sollte von Mensch und Hund positiv empfunden werden: als gemeinsames Band.

Besonders mit der Leine können Sie sich als liebevoller Lotse beweisen. Sie führen ihn, Sie leiten ihn durch seine zukünftige Welt. Nicht er ist es, der die Spielregeln vorgibt und Sie wie seinen Chauffeur aussehen lässt. Welpen benötigen Orientierung und müssen die Regeln, die in der menschlichen Welt existieren, erst erlernen.

Das Schönste ist: Mit dem Anlegen der Leine signalisieren Sie ihm, dass es nach Draußen geht, juchhu! Welche Umweltabenteuer da auf ihn warten, erfahren Sie im nächsten Kapitel.

Tipp

Ruhesignal an der Leine

Manche Welpen sind einfach so aktiv, dass wir Menschen ihnen Ruhepausen „verordnen" müssen. Das gelingt am besten, indem wir die Leine zu Boden gleiten lassen, mit dem Fuß darauf treten und so den Radius des Kleinen begrenzen. Eine Weile darf er dann an Ihrer Seite alles um ihn herum beobachten, ohne dass Sie sich sonderlich um ihn kümmern, dann geht es weiter.

Umweltabenteuer unterwegs

Aktiv in die Welt

Jetzt wird die Welt erkundet: Sie haben sich nun schon gut aneinander gewöhnt und Ihr Welpe weiß, dass er sich auf Sie verlassen kann – auch da draußen.

Die ersten Spaziergänge

Nun geht es also das erste Mal ein wenig weiter als bis zur nächsten Ecke. Wann das ist, entscheiden Sie selbst. Es hängt vom Übernahmealter des Welpen ab, aber auch von seinem Temperament. Und: Der Naseweis sollte das kleine Einmaleins der Hundeerziehung schon in Ansätzen verstanden haben – also etwa die Grundkommandos wie „Sitz", „Platz", „Warte" und „Komm". Ein paar Tage nach dem Einzug ist es dann soweit: Er darf die weitere Umgebung Schritt für Schritt kennenlernen.

Bevor Sie das Haus verlassen, nehmen Sie ihn unbedingt an die Leine. Sollte er sich nun vor etwas erschrecken, kann er nicht panisch davonlaufen. Zudem können Sie so unmittelbar auf ihn einwirken, wenn er zum Beispiel etwas Ungenießbares fressen will. Außerdem lassen sich Unarten sofort korrigieren. Mit dem Leinentraining haben Sie bereits eine gute Verbindung zwischen sich und dem kleinen Racker hergestellt. Der erste Spaziergang braucht gar nicht zu lang zu sein, einige Minuten reichen völlig aus. Lassen Sie ihn alles betrachten, beschnuppern und dann geht es auch schon wieder nach Hause.

Die nächsten Spaziergänge dürfen nun allmählich länger dauern. Laut einer Faustregel soll der Welpe nicht länger als 5 Minuten pro Lebensmonat am Stück laufen. Warum? Nun, sein Bewegungsapparat ist noch im Wachstum und sollte nicht überbelastet werden. Außerdem ist das Laufen an der Leine geistig recht anstrengend. Bei Fuß laufen muss er in dieser Zeit nicht, zumindest nicht die ganze Zeit.

Eine Schleppleine (siehe Seiten 77 und 78) ist eine gute Alternative zur kurzen Leine, die ein lockeres Gehen des quirligen Eroberers zudem auch sehr schwierig macht. Achten Sie aber unbedingt darauf, dass die Leine nicht zur Stolperfalle für andere wird. Und bleiben Sie gedanklich immer bei Ihrem Welpen. Lassen Sie Ihrem kleinen Racker Zeit, sich mit allem Neuen vertraut zu machen. Zwingen Sie ihn zu nichts. Seien Sie sein „Fahrlehrer",

> **Aha!**
>
> **Sitzblockade**
>
> Manche Welpen wollen gar nicht nach draußen, gehen möglicherweise nach den ersten Schritten in den Sitzstreik. An sich ist das nicht ungewöhnlich, denn der kleine Stromer verlässt nun seine gewohnte Umgebung. Doch auch wenn es ihn noch so viel Überwindung kostet, ein paar Schritte in diesen neuen Lebensabschnitt müssen sein.

Was mag auf dem ersten Spaziergang alles auf ihn warten?

aber bevormunden Sie ihn auch nicht immerfort. Rufen Sie nicht ständig seinen Namen oder geben einen Befehl nach dem anderen. So werden Sie mit Sicherheit völlig uninteressant für ihn. Eine längere Leine bedeutet zudem nicht automatisch, dass er nun machen darf, was er will. Außerdem sollten Sie für ihn immer erreichbar sein, nicht nur, damit er bei Ihnen Sicherheit finden kann. Es gibt nämlich Exemplare, die in diesem jungen Alter Tendenzen zu allzu selbstständigem Verhalten zeigen. Schon jetzt soll Ihr Welpe lernen, sich an Ihnen zu orientieren (und nicht umgekehrt), schlagen Sie deshalb immer einmal eine andere Richtung ein.

Planen Sie einmal einen Spaziergang in der Dämmerung oder der Dunkelheit ein. Auch wenn Hunde in der Dunkelheit besser sehen als wir Menschen, so kann sich Ihr kleiner Stromer leicht erschrecken, wenn aus einer dunklen Ecke ein Fremder tritt. Herannahende Lichter von Rädern oder Autos könnten

An der Schleppleine kann die Welt erkundet werden: Der Welpe bewegt sich weitgehend frei, bleibt aber mit seinem Menschen verbunden.

Tipp

Wichtig

In Dämmerung und Dunkelheit halten Sie den Welpen bitte unbedingt an der kurzen Leine. Reflektoren, die Sie im Einzelhandel erhalten, machen ihn auch für andere sichtbar.

ihn außerdem stark verunsichern. Hier sind Sie ebenfalls wieder gefragt, Ihren Welpen schrittweise daran zu gewöhnen. An Ihrer Seite wird er sich sicher fühlen.

Autofahren leicht gemacht

Welche Erfahrungen hat Ihr Welpe bereits mit dem Autofahren gemacht? Sicherlich haben Sie ihn mit dem Auto vom Züchter oder von der Abgabestelle abgeholt. Das war schwierig für ihn, denn nun hieß es Abschied nehmen von seiner Mutter, seinen Wurfgeschwistern und der gewohnten Umgebung. Wurde

Ein gemütlicher Platz erleichtert die Gewöhnung ans Auto ungemein.

ihm dann etwa noch übel während der Autofahrt? Da ist es verständlich, wenn er das Ungetüm auf vier Rädern erst einmal meiden möchte. Doch das Auto wird fortan zu seinem Leben dazugehören. Vielleicht nicht regelmäßig, aber doch immer wieder, spätestens wenn es zum Tierarzt oder in den Urlaub geht.

Damit es mit dem Autofahren stressfrei klappt, hier nun viele Tipps.

- Ihn einfach zu schnappen, ins Auto zu setzen und loszufahren ist keine gute Idee, egal welche Vorerfahrungen er hat. Gehen Sie besser nur in kleinen Schritten vor. Lassen Sie dem Welpen ausreichend Zeit, das Vehikel in seinem Tempo zu erkunden. Es kann einige Tage dauern, bis er ganz entspannt und gerne Auto fährt.
- Wenn Ihr Auto auf einem sicheren Platz auf Ihrem Grundstück steht, können Sie den kleinen Racker einfach in dessen Nähe spielen lassen. Öffnen Sie einmal eine Tür, jemand aus Ihrer Familie setzt sich hinein, startet vielleicht sogar den Motor, während er in sicherer Entfernung mit Ihnen spielt. Eine andere Möglichkeit wäre es, den Welpen in den Kofferraum oder auf die Rücksitzbank zu setzen, dort, wo er sich in Zukunft bei den Fahrten aufhalten soll. Verwöhnen Sie ihn mit einigen Leckerchen wenn er ruhig und neugierig ist und nehmen ihn dann wieder heraus. Das können Sie des Öfteren wiederholen. Bis zum Schließen der Türen und dem ersten Starten des Motors lassen Sie sich reichlich Zeit.
- Geht es das erste Mal auf Tour, fahren Sie zunächst nur einige Meter, dann geht es auch schon wieder nach Hause. Trotz vorsichtigen Übens kann es passieren, dass der Welpe bei den Autofahrten zu jammern oder fiepen

beginnt. Dann sollten Sie – sofern es der Verkehr zulässt – den Wagen anhalten und es dem Kleinen ermöglichen, sich zu beruhigen. Ihm wurde es vermutlich zu viel. Schimpfen Sie nicht, trösten Sie ihn aber auch nicht. Fahren Sie weiter, wenn er sich beruhigt hat. Fahren Sie das nächste Mal nicht so weit.

> Vor den Autofahrten sollte er nicht zu viel fressen, unbedingt aber noch einmal sein Geschäftchen machen. Das erhöht sein Wohlbefinden zusätzlich. Den ersten Ausflug sollten Sie dann zu einem Ort machen, an dem er Gutes erlebt, also am besten in den Wald, in einen kleinen Park ohne viele andere Hunde, Menschen und wenig Stress.

Bitte beachten: Der Welpe sollte von Anfang an nur abgesichert mitfahren. Rechtlich gilt er als Ladung. Deshalb müssen alle verwendeten Systeme den Verkehrsvorschriften entsprechen. Für die Rücksitzbank gibt es spezielle Geschirre oder stabile TÜV-geprüfte Autogitter (keine sogenannten Gepäckgitter verwenden!), die hinter die erste Sitzreihe befestigt werden. Für den Kofferraum und auch für die Rückbank hält der Handel eine Fülle von Boxen bereit. Auch hier unbedingt auf Prüfsiegel achten. Den Aufenthalt in der Box sollten Sie bereits im Haus geübt haben.

So wird der Tierarzt zum Freund

Zu Hause haben Sie schon einige Male geübt, dass Menschen – aus Sicht eines Vierbeiners – komische Sachen mit Hunden machen: Sie haben Welpes Mäulchen leicht geöffnet, seine Öhrchen angeschaut, seine Pfote in Ihre Hand genommen. Beim Tierarzt fassen ihn unbekannte Personen an, die Ihrem Kleinen vielleicht ein wenig ungeheuer sind. Die meisten Tierärzte sind so behutsam und freundlich, dass Welpen schon bald ihre anfängliche Befangenheit verlieren. Viele Tierärzte bieten sogar ein kurzes Kennenlernen an, ohne dass es gleich um einen richtigen Check-up oder gar eine Impfung geht. Sie sollten dies unbedingt nutzen, vor allem, wenn er einen Termin anbietet, zu dem kein weiterer Patient in der Praxis ist. So kann der kleine Kerl in Ruhe das Wartezimmer und den Praxisraum inspizieren, gewöhnt sich an komische Gerüche, merkwürdige Gegenstände und glatte Fußböden. Heben Sie ihn auf den Behandlungstisch, lassen Sie ihn Bekanntschaft mit der Hand des Tierarztes machen. Mehr sollte bei einem ersten Kennenlernen gar nicht passieren.

Beim ersten Besuch in der Tierarztpraxis passiert nichts Schlimmes: Nach dem Abhören geht es auch schon wieder nach Hause.

Aha!

Nicht zu viel auf einmal

Überfordern Sie Ihren Welpen nicht, indem Sie ihm zu viele Eindrücke auf einmal zumuten. Wenige Minuten beim Tierarzt oder Hundefriseur reichen fürs Erste.

So erlebt Ihr Welpe das Abenteuer positiv:

- Bleiben Sie an seiner Seite.
- Lassen Sie ihn alles in Ruhe anschauen und machen Sie wenig Aufhebens.
- Bestärken Sie kleine Unsicherheiten nicht durch Trösten, sondern machen Sie ihm Mut.
- Umso gelassener Sie sind, desto gelassener wird auch Ihr Welpe sein.

Gehört Ihr Welpe zu einer Rasse, die später regelmäßig zum Hundefriseur gehen muss? Dann verfahren Sie ähnlich und vereinbaren mit dem Groomer Ihres Vertrauens ebenfalls einen Vorabbesuch. Geräusche der Schermaschinen, Badewannen und andere Utensilien können so spielerisch kennengelernt werden, ohne dass er lange stillsitzen muss oder an ihm lange herumfrisiert wird. Gehen Sie hierbei äußerst behutsam vor.

Tierarzt und Hundefriseur mitsamt der Räumlichkeiten, der ganz eigenen Gerüche und Geräusche hat der Welpe nun als Bestandteil seiner Welt kennengelernt. Sie wissen schon: Diese Erlebnisse, die hoffentlich stressfrei abgelaufen sind, werden nun im Hundehirn im Ordner „K“ abgelegt.

Fremde Menschen

Einige fremde Menschen hat der Kleine bisher schon kennengelernt. Aber Menschen sind so unterschiedlich, dass er gar nicht genug Zweibeinern begegnen

Auch durch Beobachtung lernt man. Der Welpe kann gar nicht genug fremde Menschen (und Tiere) „studieren“.

kann. Sie unterscheiden sich nicht nur vom Aussehen her, sondern auch von der Stimmlage, von den Bewegungen und Gesten und vom Geruch. Manche Menschen fallen schier vor Begeisterung in Ohnmacht angesichts eines knuddeligen Welpen, andere sind eher reserviert und gleichgültig, manche ein wenig unvorsichtig oder unwirsch. Hier gibt es also viel zu erkunden für den kleinen Naseweis. Darf man jedem Menschen freudig entgegenspringen? Muss man sich alles gefallen lassen und muss man vor jemandem, den man noch nie gesehen hat, wirklich Angst haben?

Sie als Welpes „Fahrlehrer" haben hier eine ganz besonders fordernde Aufgabe: Einerseits gilt es, den Kleinen mit vielen Menschen bekannt zu machen. Andererseits müssen Sie aber dafür sorgen, dass nicht jeder gleich den Winzling hochhebt, ihm wohlwollend übers Köpfchen streicht oder ihm ungefragt Leckerchen gibt, denn er ist ja soooo süß.

Auch wenn es Ihnen unangenehm ist, geben Sie anderen Leuten, die in Kontakt mit Ihrem Welpen treten möchten einige kleine Verhaltenshinweise:

> Unbekannte sollten nicht frontal auf den Kleinen zustürmen.
> Ausgestreckte Hände können den Welpen verschrecken.
> Sie sollten ihn nicht auf den Kopf tätscheln oder einfach hochheben.
> Leckerchen dürfen nur in Absprache mit Ihnen gegeben werden.
> Sanftes, ruhiges Streicheln und freundliche Ansprache sind ausdrücklich erwünscht!

und das Schwierigste:

> Andere sollten sich nicht in die Erziehung einmischen.

Tipp

Wichtig

Mit dem Ruheritual in Anwesenheit von Menschen legen Sie einen wichtigen Baustein für die Zukunft. Welpen, die immer und überall im Mittelpunkt stehen, zeigen als Junghunde gerne ein distanzloses Verhalten und betrachten Menschen als „Spielzeug", das immer und überall verfügbar ist.

Wenn Menschen sich begegnen, muss der Kleine nicht immer im Mittelpunkt stehen: Auch aus dieser Position lernt er die Welt kennen.

Der Kontakt zu gleichaltrigen Hunden muss sein, aber bitte nur unter kundiger Anleitung.

Häufig ist zudem folgende Szene: Sie üben gerade mit Ihrem Welpen, dass er nicht an anderen Menschen hochspringen darf (siehe Seite 40). Der kleine Vierbeiner versucht dies jedoch wieder einmal bei einem fremden Menschen. Dieser mag Welpen so, findet dass Sie maßlos übertreiben und lacht und freut sich über den Zwerg und animiert ihn sogar noch zum Hochspringen. Versuchen Sie trotzdem Ihre Regel „Du darfst nicht an Menschen hochspringen" durchzusetzen. Sie sind sein Fahrlehrer – und niemand sonst.

Um Menschen zu studieren, muss es aber nicht immer eine direkte Begegnung sein. Setzen Sie sich in den Park oder auf eine Bank in der Fußgängerzone. Hunde lernen auch durch Beobachten. Und: Hunde sind Meister im Beobachten von Menschen! Je entspannter Sie dabei sind, desto mehr entspannt sich der Hund.

Bringen Sie ihm ebenfalls bei, dass sich bei Mensch-Mensch-Begegnungen nicht immer alles um ihn dreht. Das Ruheritual (siehe Seite 55) können Sie auch hier wunderbar anwenden. Wenn zwei Menschen sich unterhalten, hat der kleine Naseweis einmal Sendepause und darf entspannen. Das ist wichtig, damit er lernt, zurückzustecken und sich nicht als Mittelpunkt des Universums zu begreifen.

Welpenspielgruppen

Für eine gute Sozialisation sind Welpenspielgruppen ausgezeichnet geeignet. Damit Ihr Welpe aber sinnvoll und artgerecht gefördert wird, sollten Sie sich schon einen Anbieter aussuchen, bevor der Knirps bei Ihnen einzieht. Manche Gruppen sind außerdem recht schnell ausgebucht. Besuchen Sie mehrere Hundeschulen in Ihrer Nachbarschaft und fragen Sie, ob Sie einmal bei einer Welpenspielgruppe zuschauen dürfen. Entscheiden Sie dann, bei welchem Anbieter Sie sich am wohlsten fühlen.

Die folgenden Kriterien für eine gute Welpenspielgruppe erleichtern Ihnen die Qual der Wahl:

- der Inhaber lässt Sie gerne bei einer Stunde zuschauen und steht Ihnen für Fragen zur Verfügung.
- Die Leiter der Welpengruppen verfügen über nachweisbare Kenntnisse und ausreichend Erfahrung. Sie sind ruhig, wenden keinen Zwang an und sind immer bei der Sache, sprich den Welpen.
- Die Welpengruppe sollte nicht zu groß sein, also am besten nicht mehr als 8 Hunde.
- Das Gelände wirkt sauber, ordentlich und abwechslungsreich.
- Die Kursdauer sollte maximal 60 Minuten betragen, da sich die Welpen noch nicht lange konzentrieren können.
- Vor dem gemeinsamen Toben der Welpen überprüft der Gruppenleiter die Impfpässe und erfragt den Gesundheitszustand der Welpen.
- Es werden Regeln aufgestellt. Zum Beispiel sollten die Welpen nicht sofort abgeleint und nun sich selbst überlassen werden, ohne dass die Menschen sich um sie kümmern.
- Verantwortungsvolle Gruppenleiter greifen durchaus ein, wenn ein Spiel zu wild wird, ein einzelner Welpe von mehreren anderen gemobbt wird etc.

Wenn Sie das Gelände und die Personen, die die Gruppe leiten, bereits kennen, können Sie relativ entspannt mit Ihrem Knirps das erste Mal die Welpengruppe besuchen. Ihre Aufregung würde sich sonst auf den Kleinen übertragen. Bleiben Sie für ihn während der gesamten Spielstunde immer sichtbar und erreichbar. Auch hier trösten Sie ihn nicht, wenn er einmal „weinend“ zu ihnen kommen sollte. Bestärken Sie ihn und machen Sie ihm Mut. Aber lassen Sie es auch nicht zu, dass andere Hunde ihn bedrängen, indem Sie diese wegschicken.

Aha!

Spielerisch lernen

Im Spiel mit anderen Welpen lernt der Kleine, wie er selbst auf andere wirkt. Spielt er zu wild oder beißt er zu feste, will bald keiner mehr mit ihm spielen. So lernt er, sich angemessen zu verhalten. Er erkennt auch, dass nicht alle Hunde gleich aussehen, unterschiedliche Temperamente und sogar eine andere Mimik und Gestik haben können.

Welpengruppen sind kein moderner „Firlefanz“ sondern in unserer heutigen Welt von großer Bedeutung. Selbstsicherheit und angemessenes Verhalten erlernt sich hier am besten. Kinder gehen in den Kindergarten, Welpen in die Welpengruppe. Bei Hunden kommt noch ein besonderer Aspekt hinzu: Sie müssen nicht nur in der menschlichen Welt zurechtkommen, sondern sich auch später mit Artgenossen gut verstehen. Gönnen Sie Ihrem kleinen Schatz dieses für seine Entwicklung so prägende Erlebnis regelmäßig.

Fremde Hunde kennenlernen

Wenn Sie schon eine Welpengruppe besuchen, hat Ihr kleiner Racker bereits gleichaltrige Hunde kennengelernt, die nicht seine Geschwister sind. Nun geht es zusätzlich noch darum, fernab der Welpenspiele zu verstehen, wie fremde

Wie geht es weiter? Teilt er das Plüschtier mit den anderen Spielkameraden?

„Wer bist denn du?" Ältere, gut sozialisierte Hunde bringen dem Welpen die richtige Kommunikation bei.

Hunde ticken. Hunde schauen zum Teil sehr unterschiedlich aus. Manche Hunde haben von Natur aus eine gerunzelte Stirn, andere eine sehr kurze Nase, wieder andere langes Fell, das die Augen verdeckt. Dann gibt es noch solche, die einen sehr kurzen Schwanz haben, mit dem sie gar nicht so richtig wedeln können. Kommunikation unter Hunden ist also nicht immer ganz einfach zu durchschauen. Der kleine Naseweis muss erst einmal verstehen, dass es ganz unterschiedliche Typen gibt, die nicht nur unterschiedlich aussehen, sondern auch nicht alle denselben Charakter haben.

Am besten ist es, wenn Sie für die ersten Hundebegegnungen bekannte Hunde aufsuchen, von denen Sie wissen, dass diese grundsätzlich ein gutes Sozialverhalten haben. Manchmal kann nämlich schon eine negative Erfahrung prägend fürs weitere Leben sein. Aber die Kleinen haben doch Welpenschutz! Nein, den gibt es nur in der eigenen Familie oder im Rudel (schauen Sie bitte hierzu auf Seite 50). Seien Sie nicht schockiert, wenn der ältere, gut sozialisierte Hund Ihren kleinen Schützling anknurrt oder sogar nach ihm schnappt. Meist hat der Kleine dann übertrieben oder war schlichtweg unhöflich.

Auch wir Menschen können viel über die Kommunikation unter Hunden lernen, wenn wir genau zusehen.

Beobachten Sie Ihren Welpen in einer solchen Situation genau! Wie reagiert er nach einer Zurechtweisung seitens eines erfahrenen Hundes? Legt er sich auf den Rücken und signalisiert er so, dass er verstanden hat, dass er über die Stränge geschlagen hat? Dann ist alles in Ordnung. Kommt er schutzsuchend zu Ihnen? Trösten Sie ihn nicht, geben Sie ihm aber zu verstehen, dass Sie für ihn da sind. Ermutigen Sie ihn, weiter mit dem erwachsenen Hund in Kontakt zu bleiben. Auch mit Frust muss er umgehen lernen.

Kontakte an der Leine können mitunter zu Missverständnissen führen. Wenn sich die Leinen verheddern, der Welpe aufgeregt am älteren Hund herumhüpft, könnte sich dieser bedrängt fühlen und knurren oder sogar schnappen. Obwohl dies ein adäquates Verhalten seitens des älteren Hundes darstellt, könnte der Welpe dieses Erlebnis jedoch schlimmstenfalls mit der Leine verknüpfen und von nun an angeleint alle anderen Hunde prophylaktisch verbellen.

Damit es mit Hundebegegnungen klappt, ...

- lassen Sie Ihren Welpen nicht einfach auf ältere und/oder unbekannte Hunde zusprinten. Nicht jeder ist von solch einem „Überfall" begeistert. Gestalten Sie erste Begegnungen am besten mit Ihnen bekannten Hunden in sicherer Umgebung.
- führen Sie Ihren angeleinten Racker immer auf der dem anderen Mensch-Hund-Team entgegengesetzten Seite vorbei, um Zerren an der Leine zu vermeiden.

Sollte auf einem Spaziergang ein fremder Hund auf Sie beide zustürmen, und Sie merken, dass sich Ihr kleiner Naseweis verspannt und den Schwanz einzieht, so sind Sie gefordert: Geben Sie Ihrem Kleinen das Gefühl, dass Sie für ihn da sind und sich wortwörtlich vor ihn stellen. Treten Sie dem Fremden einen Schritt entgegen und versperren diesem den Weg zu ihrem Schützling. Das schindet bei Ihrem Welpen mächtig Eindruck: „Danke, mein Mensch!". Wenn sich die Situation entspannt hat und der Halter des anderen Hundes das Okay gibt, ist dann durchaus eine ruhigere Kontaktaufnahme möglich.

Kinderspiele

Leben in Ihrem Haushalt und in der Nachbarschaft keine Kinder, so wird es höchste Zeit, dass sich der kleine Naseweis an Kinder gewöhnt. Kinder laufen plötzlich los, toben, lachen, machen Faxen oder unkontrollierte Bewegungen. Dies muss der Welpe unbedingt kennenlernen. Gerade weglaufende Kinder animieren ihn unter Umständen zum Hinterherlaufen, besonders wenn sie dabei noch quietschen oder schreien. Das hat nicht unbedingt etwas mit Spielverhalten zu tun. Der Welpe könnte Kinder als Beute ansehen.
Bitte beachten: Welpen können oft das Verhalten von Kindern noch nicht richtig einschätzen und könnten nach ihnen schnappen, wenn sie sich bedroht fühlen. Ihr Welpe sollte niemals den Eindruck haben, er müsste sich aufdringliche Kinder selbst und ohne Ihre Hilfe

Tipp

Wichtig

Lassen Sie Kinder und Welpen niemals unbeaufsichtigt.

Kinder lieben Hundewelpen – im Idealfall profitieren beide von diesem intensiven Kontakt.

vom Leib halten müssen. Notfalls sollten Sie den Kindern ein angemessenes Verhalten Tieren gegenüber vermitteln.

Ihr Welpe kann Kinder angeleint gut aus einiger Entfernung beobachten, zum Beispiel an einem Kinderspielplatz oder auf dem Pausenhof einer Schule. So lernt er deren Verhalten und die teils hohe Stimmlage kennen, ohne dass er in irgendeiner Weise reagieren muss.

Auch wenn die meisten Kinder sehr vorsichtig mit Welpen umgehen, sollten Sie darauf achten, dass er nur positive Erfahrungen mit Kindern macht. Kinder dürfen sich dem Welpen nähern, aber sie sollten niemals grob zu ihm sein oder ihn ärgern. Kinder sind manchmal ungestüm und könnten aus Versehen auf die Pfoten oder den Schwanz des tapsigen Hundchens treten. So würde der Welpe Schmerz mit Kindern verbinden und diese von nun an meiden. Negative Erfahrungen mit Kindern könnten schlimmstenfalls dazu führen, dass der Hund später Kinder generell verbellt oder sogar zum Angriff übergeht, nur um sich selbst zu verteidigen.

Bringen Sie dem tierischen Knirps in der Nähe der Kinder bereits bei, dass Sie in Zukunft von ihm ruhiges Verhalten erwarten. Er darf alles, was um ihn herum passiert im Sitz oder Platz oder noch besser in seiner Ruheposition beobachten:

Halten Sie dabei zunächst die Leine locker in der Hand und lassen Sie diese zu Boden fallen, sobald der Welpe sich ruhig verhält. Treten Sie auf das Leinenende. So signalisieren Sie ihm, dass nun Pause ist, er weder „Sitz“ noch „Platz“ machen muss. Wenn Sie keinen Befehl geben, müssen Sie nicht darauf achten, dass er diesen auch die ganze Zeit befolgt. Zu lange kann er sich nämlich noch gar nicht konzentrieren. Und wenn Sie ständig die Befehle erneuern, kommt keine Ruhe auf. Zudem lernt der Wirbelwind, dass er nun immer noch Ihre Aufmerksamkeit erhält und wiederum im Mittelpunkt steht, was ja eigentlich mit dem Ruheritual vermieden werden soll.

Gehen Sie öfter an spielenden Kindern vorbei und belohnen Sie neugieriges, aber ruhiges Verhalten des Welpen. Dann kann er diese neue Umwelterfahrung in seinem „K“-Ordner abspeichern.

Supermarkt, Kaufhaus & Co.

„Hier dürfen wir nicht hinein!", gemeint sind mit dieser Aufschrift, die vor manchem Geschäft prangt, unsere Vierbeiner. Guten Gewissens kann man heute jedoch keinen Hund mehr unbeaufsichtigt vor einem Geschäft anbinden und schon gar keinen Welpen. Abgesehen von den schlechten Erfahrungen, die er ohne Ihre Unterstützung machen würde, wird er die Trennung von Ihnen in unbekannter Umgebung nicht so einfach verkraften. Suchen Sie sich Geschäfte aus, in denen Ihr Welpe willkommen ist.

Was erwartet den Jungspund nun? Glatte Böden, seltsame Gegenstände wie Kleiderständer oder große Regale, piepende Kassen, ratternde Einkaufswagen, Taschen, die auf seiner Augenhöhe baumeln oder eilig vorbeihuschende Menschen jeglichen Alters und Aussehens. Für dieses Umweltabenteuer eignen sich gut größere Einkaufszentren mit Passagen. Dort können Sie erst einmal auf einer Bank Platz nehmen und gemeinsam mit Ihrem kleinen Vierbeiner dem geschäftigen Treiben zuschauen.

Aha!

Zur rechten Zeit

Dieses Umweltabenteuer sollten Sie zunächst zu einer ruhigeren Tageszeit einplanen. Für Sie selbst steht an einem anderen Tag eine Shopping-Tour auf dem Plan, heute geht es nur um den Welpen.

Fußgängerzonen und Einkaufszentren fordern den Welpen sehr: Angeleint und an der Seite seines Menschen lernt er, entspannt zu bleiben.

So bleibt der Welpe ruhig und entspannt:

- Signalisieren Sie dem Kleinen auch hierbei mittels des Ruherituals (siehe Seite 55), dass nun entspanntes Beobachten ansteht.
- Ignorieren Sie sein Jaulen und Fiepen und belohnen ihn für ruhiges Abwarten (Timing!).
- Machen Sie ihn nicht gezielt auf Besonderheiten aufmerksam und trösten Sie ihn nicht, wenn er sich erschreckt.
- Sie dürfen ihm gerne signalisieren, dass Sie für ihn da sind, indem Sie ihn festhalten, sofern er das gerne hat. Kraulen und Streicheln Sie ihn nicht hektisch oder unentwegt.

Kennt der Welpe bereits verschiedene Bodenbeschaffenheiten, auch so ausgefallene wie Plastikplanen, so fällt es ihm leichter, unbekanntes Terrain zu betreten.

Aha!

Übungssache

Damit der Welpe nicht ganz unvorbereitet in den Alltag tapst, sollten Sie ihn schon zu Hause und im Garten über die unterschiedlichsten Böden laufen lassen. Nehmen Sie dazu auch ungewöhnliche Utensilien wie Plastiktüten etc.

„Ich geh' nicht weiter!"

Untergründe, die Hunden unheimlich sind, meiden sie, das liegt in ihrer Natur. Die menschliche Welt hält eine so enorme Vielfalt von Böden und Wegen bereit, dazu noch jede Menge Hindernisse, die den unerfahrenen Welpen schnell überfordern können.

Mancher legt den Rückwärtsgang ein, ein anderer fährt förmlich seine Spikes aus und geht keinen Schritt weiter: „Ne, da geh' ich nicht drüber!". Nun ist Fingerspitzengefühl gefragt, gerade, wenn um Sie herum viel los ist und Sie eigentlich nur schnell weiter möchten.

Lassen Sie dem Kleinen kurz Zeit, sich zu orientieren und sich das Hindernis, den unbekannten Bodenbelag erst einmal genauer anzusehen. Seine kleinen grauen Zellen rattern, er sucht nach einer Lösung. Währenddessen checken Sie auch kurz die Lage: Um welchen Bodenbelag handelt es sich? Kann er ohne Verletzungsgefahr überquert werden? Guckt Ihr Kleiner Sie gar fragend an? Prima, dann ermutigen Sie den Welpen, indem Sie beherzt weitergehen, vielleicht sogar schon kombiniert mit dem Kommando „Auf" oder „Weiter". Fühlt er sich generell in Ihrer Nähe wohl, dann wird er Ihnen folgen. Nur wenn er gar nicht weiter weiß, geben Sie ihm Hilfestellung, indem Sie ihm Mut machen, beispielsweise mit einem freundlichen und bestimmtem „Weiter" oder „Auf" und einer entsprechenden Vorwärtsbewegung Ihrerseits.

Etwas kniffeliger ist es, wenn es nicht nur gilt, einen unbekannten Bodenbelag zu betreten, sondern gleich noch eine Brücke. Auch Pfosten, Geländer oder Seitengitter können dem tierischen Naseweis Angst einjagen. Schauen Sie also genau, was ihn eigentlich zurückweichen lässt. Wie schon beim unbekannten Bodenbelag, sollten Sie ihn nicht drängen – machen Sie ihm vielmehr Mut, indem Sie beherzt vorangehen. Ziehen Sie nicht an der Leine. Leckerchen können ihn locken, wenn gar nichts mehr geht. Geben Sie das Leckerchen erst, wenn der Welpe einige Schritte gegangen ist und direkt neben dem Hindernis, wie etwa ein Pfosten, oder beispielsweise direkt auf einem Gitterrost steht. Das richtige Timing fürs Loben ist immens wichtig (siehe auch Seite 53).

Ein Besuch im Café oder Biergarten

Planen Sie doch einfach einmal einen kleinen Kaffeestopp ein. So gewöhnt sich der kleine Racker daran, dass er nicht immer im Mittelpunkt steht. Außerdem lernt er wieder neue Geräusche, Gerüche, Gegenstände und fremde Menschen kennen. Suchen Sie fürs Erste eine Lokalität auf, in der es nicht zu hektisch zugeht. Wählen Sie für den Kleinen einen gemütlichen Platz aus, nicht im Gang, aber dort, wo er genügend Freiraum hat, ohne andere zu belästigen. Versuchen Sie, ihm Benimmregeln, die für den erwachsenen Hund gelten, schon jetzt zu vermitteln, auch wenn jeder ihn knuddeln will und süß findet.

Schon der Welpe sollte lernen, welche Regeln an einem Ort gelten, an dem Menschen Mahlzeiten einnehmen. Einem Welpen kann man das sehr gut vermitteln. Hier die wichtigsten Benimmregeln:

1 Lassen Sie den Kleinen neben sich auf dem Boden Platz nehmen und signalisieren Sie ihm mit dem Ruheritual, dass er nun für eine gewisse Zeit nicht im Mittelpunkt steht.

2 Gestatten Sie es nicht, dass andere Hunde unter dem Tisch mit ihm Kontakt aufnehmen, um Rangeleien zu vermeiden.

3 Füttern Sie ihn nicht mit Essen, das für uns Menschen bestimmt ist.

4 Ignorieren Sie Jammern und Fiepen, wenn er damit Ihre Aufmerksamkeit erregen will, weil ihm langweilig ist.

5 Die Kellnerin oder den Kellner darf er nicht anspringen.

Auf der mitgebrachten Decke und an einem sicheren Ort kann man alles in Ruhe beobachten.

Tipp

Kurz und gut

Der Besuch sollte nicht zu lang dauern, da es für den kleinen Entdecker noch zu anstrengend ist und er die vielen unterschiedlichen Eindrücke erst einmal verarbeiten muss.

Das Ruheritual ist besonders wichtig, denn es passiert so einiges in einem Café oder Biergarten: Eine Gabel fällt laut klappernd zu Boden, Stühle werden gerückt, immer wieder kommen andere Menschen herein ... Gut, wenn Sie zu Hause bereits mit dem Kleinen geübt haben, zum Beispiel, dass er sich vor Geräuschen nicht erschrecken muss. Sollte er das doch tun, signalisieren Sie ihm durch Ihre Körpersprache, dass nichts Schlimmes passiert ist (sehen Sie hierzu auch Seiten 33 und 34).

Der Kleine bleibt entspannt, wenn Sie ...

1 vor Ihrem Besuch einen Spaziergang machen und Ihr Welpe dabei sein Geschäftchen erledigt.

2 eine kuschelige Decke mitnehmen, auf die er sich legen kann. Signalisieren Sie ihm immer wieder, dass kein Grund zur Aufregung besteht. Trösten Sie ihn nicht, wenn er sich erschreckt. Reden Sie nicht ständig auf ihn ein, sondern lassen ihn in Ruhe seine Beobachtungen machen – auch wenn Ihnen das noch so schwer fällt. Freuen Sie sich, wenn er müde einschläft.

Wenn Sie die Möglichkeit haben, sollten Sie in den nächsten Wochen öfter, aber nur für kurze Zeit immer wieder andere Örtlichkeiten aufsuchen, so lernt er Vieles spielerisch kennen, was in seinen Ordner „K“ abgelegt werden kann. Mit dem erwachsenen, gut sozialisierten Hund sind Sie dann ein gern gesehener Gast und in Ihrer Freizeitgestaltung wesentlich freier. Das erleichtert Ihnen später enorm Ihren Alltag. Zudem macht solch ein Vierbeiner „Werbung“ für Hunde in der Öffentlichkeit.

Aufzüge, Schiebetüren und weitere Gefahren

So ganz ungefährlich ist die menschliche Umwelt für einen Welpen gar nicht. Hier ist Ihr Weitblick gefragt. Versetzen Sie sich ruhig einmal in die Perspektive eines Welpen. Wie groß sind seine Pfoten, wie tapsig bewegt er sich, was kann er aus seiner Perspektive überhaupt wahrnehmen? Gefahren, die von den technischen Errungenschaften der menschlichen Welt ausgehen, kann er überhaupt nicht einschätzen. Dass er in vielen Fällen Angst hat oder ein sehr zögerliches Verhalten an den Tag legt, ist also nur verständlich. Dann sind Ihre „Fahrlehrerqualitäten“ gefragt: Signalisieren Sie, dass das, was er erlebt selbstverständlich ist, indem Sie selbstsicher voranschreiten. Ihre Körperhaltung signalisiert dem Angsthasen, dass alles in Ordnung ist. Auch wenn er Vieles kennenlernen muss, damit er im

Aha!

Tabus

Bei einem Stadtbummel gibt es einige Tabus: Nehmen Sie ihn auf einer Rolltreppe unbedingt auf den Arm, ebenso im dichten Gedränge, in der Nähe von Türen und Durchgängen, z. B. auch vor einem Aufzug.

späteren Leben souverän an Ihrer Seite für einen Stadtbummel gerüstet ist, sollten Sie unbedingt verhindern, dass er schlechte Erfahrungen macht. Sie sind genauso schlimm, wie gar keine, manchmal sogar schlimmer. Nehmen Sie ihn lieber beherzt und kommentarlos auf den Arm und tragen ihn durch die Gefahrenstelle.

Sonst kann es nicht nur zu Verletzungen kommen, indem ihm jemand auf die Pfote tritt. Unter Umständen verknüpft der Kleine den Schmerz in Zukunft mit dem Aufzug oder dem, was er in diesem Moment gerade wahrgenommen hat. Sie haben also eine ganz schöne Verantwortung.

Tipp

Langsame Gewöhnung

Sie erleichtern Ihrem Welpen den Start ins Straßenleben, wenn Sie ihn schon früh an Fahrräder, Kickboards und Ähnliches gewöhnen (siehe Seite 53).

Auf dem sicheren Arm kann sich der Kleine in aller Ruhe an den Straßenverkehr gewöhnen.

Straßenverkehr aus Hundesicht

Den Straßenverkehr sollten Sie ruhig einmal aus Hundesicht auf sich wirken lassen. Gehen Sie in die Hocke und betrachten Sie die heranfahrenden Autos und Öffentlichen Verkehrsmittel. Wie bedrohlich plötzlich ein LKW wirkt! Wie fühlt es sich an, wenn ein Fahrrad vorbeigerauscht kommt? Dann dazu noch die Abgase, die sich oft in der Höhe der Hundenase sammeln. Haben Sie jetzt in etwa eine Ahnung, was der kleine Knirps alles verarbeiten muss? Gut, wenn Sie dann an seiner Seite sind! Der Gang zu einer vielbefahrenen Straße sollte nicht eines der ersten Umweltabenteuer sein, das Ihr vierbeiniger Neuzugang erlebt.

In der Nähe jeder Straße muss der Welpe angeleint sein und die Leine sollten Sie feste in der Hand halten, damit er sich nicht losreißt, wenn er sich erschreckt. Sollte er dennoch einmal schreckhaft reagieren, müssen Sie unbedingt cool bleiben. Zerren Sie nicht an der Leine oder bemitleiden ihn. Er darf ruhig in Ihrer Nähe Schutz suchen, aber nur um sich danach gleich wieder den vermeintlichen Gefahren zu stellen. Steigern Sie die Anforderungen nur schrittweise und beobachten Sie Ihren kleinen Racker ganz genau. Auch wenn Ihnen selbst alles nicht ganz geheuer ist, so darf er Ihre Sorge um Ihn sowie Ihre Nervosität nicht mitbekommen. Wenn Sie in kleinen Schritten üben, werden Sie merken, dass er nach und nach immer sicherer wird. Lassen Sie ihn dafür schon rund um Ihr Zuhause den ruhigeren Straßenverkehr beobachten.

Im städtischen Umfeld machen Regeln wirklich Sinn und diese sollte der Kleine gleich kennenlernen:

1 Lassen Sie ihn zunächst in einiger Entfernung zur Straße „Sitz" machen und ihn das Treiben beobachten.

2 Belohnen Sie ruhiges Verhalten mit Lob oder einem Leckerchen.

3 Nähern Sie sich nicht ohne Vorbereitung einer vielbefahrenen Straße, damit der Kleine nicht erschreckt.

4 Lassen Sie ihn grundsätzlich immer an der Bordsteinkante vor Überqueren einer Straße „Sitz" machen, unabhängig davon, ob die Fußgängerampel gerade „Grün" zeigt oder die Straße frei ist.

5 Loben Sie ihn fürs ruhige Sitzen und nicht fürs Losgehen (Timing!).

6 Bringen Sie ihm das Gehen an der kurzen Leine bei, ohne dass er dies als unangenehm empfindet (siehe Seite 54).

7 Gehen Sie mit ihm immer auf der sicheren Seite, also abgewandt vom Verkehr und achten Sie auch auf Radwege.

8 Üben Sie die Kontaktaufnahme mit Ihnen als Sicherheitssignal, indem Sie etwa ein Berührungsritual einführen (siehe Seite 28).

Mit Bus und Bahn zum Ziel

Auch wenn Sie vorwiegend zu Fuß oder mit dem Auto unterwegs sind, sollten Sie dennoch einmal mit dem Bus und/oder der Bahn einige Stationen fahren. Ein großer Bus ist noch einmal etwas anderes als ein Auto. Die Geräusche sind ganz andere, die Gerüche ebenfalls. Außerdem sind an der Haltestelle und im Transportmittel selbst viele verschiedene, unbekannte Menschen. Sie können

Was an der Bushaltestelle alles los ist! Ob er große Augen machen wird, wenn gleich der Bus kommt?

Aha!

Negatives vermeiden

Der Welpe sollte keine negativen Erfahrungen machen, deshalb vermeiden Sie, dass er mit seinen Pfötchen hängen bleibt oder sich einklemmt. Üben Sie besser nicht im hektischen Berufsverkehr, um den Kleinen nicht zu überfordern.

erst einmal an der Haltestelle Platz nehmen und gemeinsam mit dem kleinen Naseweis die ein- und ausfahrenden Bahnen oder Busse, die Menschen, das allgemeine Gewusel beobachten. Ist Ihr Welpe äußerst gelassen, so können Sie sogar schon einmal einsteigen und einige Stationen fahren. Zur Sicherheit tragen Sie ihn auf dem Arm hinein, vor allem wenn die Einstiege sehr hoch sind und der Welpe noch sehr klein ist. In jedem Fall bleibt er für die gesamte Fahrtdauer und während der Ein- und Ausstiegsphasen angeleint.

Manche Welpen empfinden die abrupten Fahrbewegungen als höchst unangenehm und finden nur schwer Balance auf dem schaukelnden Boden. Beobachten Sie, was Sie ihm zumuten können und achten Sie auf seine Sicherheit. Sollte der Kleine in Panik geraten, halten Sie ihn einfach nur fest, atmen Sie ruhig. Sie werden merken, wenn sich seine Körperspannung löst und können dann auch Ihrerseits den wieder Griff lockern.

Nach diesem Umweltabenteuer sollten Sie nicht noch einen langen Stadtbummel anschließen. Für den Moment hat der kleine Racker genug erlebt und sollte nun Zeit finden, alles zu verarbeiten, am besten bei einem gemütlichen Nickerchen.

Waldesluft

Vor oder nach städtischen Abenteuern kann sich der Welpe gut in der Natur entspannen. Im Wald gelingt das besonders gut, allerdings sollten die Spaziergänge zu Beginn noch nicht allzu lang sein, damit Gelenke und Bänder des kleinen Herumtreibers noch nicht zu sehr belastet werden. Viele Hundehalter leinen Ihren Mini sofort ab, sobald Sie in der Natur angekommen sind. Doch sind Sie sicher, dass Sie wirklich alle Gefahren abschätzen können, die dem Welpen begegnen können? Da wäre zum Beispiel, dass er etwas Ungenießbares oder sogar Giftiges findet und verspeist, bevor Sie überhaupt in Reichweite sind. Außerdem können Sie nicht rechtzeitig korrigierend eingreifen, wenn er sich 20 Meter weiter im Unterholz aufhält oder fröhlich auf ein sich näherndes Mountainbike zurennt. Welche Lektion lernt er, wenn er in der Natur alles darf, zu Hause aber bestimmten Regeln folgen muss? Sie können es sich denken: „In der Natur bestimme ich, wo es langgeht“. Nutzen Sie lieber die frische Luft und die abwechslungsreiche Umwelt, um Ihre gemeinsame Bindung zu vertiefen. Das gelingt am besten mit einer Schleppleine, die Sie am Geschirr des Kleinen befestigen. So hat er genügend Freiraum, Sie können aber immer wieder unterstützend und korrigierend eingreifen. Genauso wie ein Fahrlehrer, der auf seiner Seite ein zusätzliches Bremspedal hat.

Das Laufen an der Schleppleine klappt schnell, wenn Sie diese locker auf dem Boden schleifen lassen, nehmen Sie das Ende anfangs noch in die Hand. Am besten tragen Sie Handschuhe, damit Sie sich nicht verletzten, sollte der

Waldabenteuer machen gute Laune. Am sichersten bewegt sich der Welpe an der langen Leine.

Jungspund zu schnell voranpreschen und Ihnen die Leine mit einem Ruck aus der Hand ziehen. Wechseln Sie immer wieder unvorhersehbar die Richtung, ohne den Welpen zu rufen, ihn zu locken oder darauf zu warten, dass er sich Ihnen zuwendet. Schon bald wird er merken, dass Sie das Tempo und die Richtung bestimmen. Achten Sie zudem darauf, nicht an der Schleppleine zu zerren oder den Kleinen bei vollem Lauf abzubremsen.

Wenn Sie konsequent und immer wieder für einige Minuten mit der Schleppleine trainieren, lernt die kleine Vorwitznase bald, sich an Ihnen zu orientieren.

Wald- und Naturspaziergänge können prima dazu genutzt werden, gemeinsame Abenteuer zu erleben. Das festigt die Bindung, da es den Kleinen noch mehr auf Sie konzentriert. Der Welpe hat dann nicht von Anfang an den Gedanken im Kopf: „Wo riecht es am intensivsten nach Wild?“ oder „Wo liegt etwas Fressbares herum?“.

Einige Ideen für eine gemeinsame Entdeckungstour wären:

- Verstecken Sie das Lieblingsspielzeug Ihres Jungspundes und suchen es gemeinsam.
- Bauen Sie kurze Sprints ein, lassen Sie ihn Sie suchen.
- Lassen Sie ihn über einen dicken Ast springen, der am Wegesrand liegt.
- Wenn Sie zu Zweit unterwegs sind, verstecken Sie sich hinter einem Baum und lassen sich vom Welpen und Ihrer Begleitperson suchen.

Ihrer Phantasie sind keine Grenzen gesetzt. Je mehr Spaß Sie gemeinsam haben, desto besser. Achten Sie jedoch darauf, dass die Ablenkung nicht zu groß ist und der Kleine auf dumme Gedanken kommt.

Aha!

Keine Daueranimation

„Bespaßen“ Sie die kleine Neugiernase aber nicht unentwegt. Es muss ausreichend Gelegenheit geben, zu schnuppern, sich die Waldesluft um die Nase wehen zu lassen sowie auf Sie zu achten (und nicht umgekehrt!).

Tipp

Gute Qualität

Achten Sie unbedingt auf eine gute Verarbeitung der Schleppleine, damit sich nicht plötzlich die Griffschlaufe oder der Karabiner löst.

„Wer bist denn du?“ Andere Tiere kennenlernen

Im und um das Haus hat der Welpe vielleicht schon andere Tiere kennengelernt. Das reicht aber nicht, um ihn fit für spätere ausgedehnte Spaziergänge oder Wanderungen in der Natur zu machen. Hunde nehmen verschiedene Tierarten ganz unterschiedlich wahr. Überlegen Sie, wo es in Ihrer Nähe einen Bauernhof gibt, ein Tiergehege oder einen See mit Enten.

Vor allem vor großen Tieren wie Pferden oder Kühen kann der kleine Racker einen Heidenrespekt entwickeln. Viele Welpen sind trotzdem gar nicht vorsichtig, sondern beginnen aus Unsicherheit heraus zu bellen und aufgeregt hin- und herzulaufen. Unterbinden Sie dies, indem Sie den Bewegungsradius des Naseweis eingrenzen und ihn neben sich zur Ruhe kommen lassen. Weglaufende Tiere könnten bei ihm schon in diesem frühen Alter Beutefangverhalten auslösen. Soweit sollte es jedoch gar nicht erst kommen, dafür ist dieses Umweltabenteuer da. So geht's:

1 Führen Sie den Welpen ruhig an andere Tierarten heran. Gewöhnen Sie ihn erst aus einiger Entfernung an sie.

2 Lassen Sie ihm Zeit und achten Sie genau auf ihn. Wird er unruhig, sind Sie bereits einen Schritt zu nah auf das andere Tier zugegangen. Gehen Sie einige Schritte zurück.

3 Belohnen Sie ruhiges Verhalten. Weder Ihr Welpe noch das andere Tier dürfen gestresst werden.

4 Fordern Sie Ihren Vierbeiner immer wieder auf, Kontakt mit Ihnen aufzunehmen, indem er Sie anstupst oder anguckt.

5 Unterbinden Sie jeglichen Ansatz von Jagdverhalten.

Den Welpen mit anderen Tierarten bekannt zu machen, erfordert von uns Menschen viel Voraussicht.

6 Wiederholen Sie Begegnungen mit anderen Tierarten regelmäßig während des ersten Lebensjahres.

Interessanterweise können Hunde die verschiedenen Tierarten gut unterscheiden und entwickeln mitunter Freundschaften zu bestimmten Tieren.

Bitte beachten: Weiden sind oft mittels Elektrozäunen gesichert. Achten Sie unbedingt darauf, dass Ihr Welpe keine Bekanntschaft damit macht. Der Schreck und Schmerz, der von einem leichten Stromschlag ausgeht, könnte sich in seinem Gedächtnis fortan mit dem jeweiligen Tier assoziieren.

Bei Begegnungen mit Weidetieren, Nutztieren und anderen Tierarten sollte Ihr Kleiner besser angeleint sein. Sicherer ist es zudem, ausreichend Abstand zu halten, denn manche Tiere fühlen sich sogar von einem Welpen bedroht und könnten ihrerseits zum Angriff übergehen, z. B. auch Schwäne!

Außergewöhnliche Umweltabenteuer

Besondere Herausforderungen

Erfahren Sie in diesem Kapitel, welche Erlebnisse Sie noch in die Sozialisation einbeziehen können, die aber vielleicht nicht zu jeder Jahreszeit oder in jeder Region zur Verfügung stehen.

Heißluftballone und andere Himmelsungetüme

Viele Hunde wie auch ganz viele Weidetiere reagieren beim Herannahen eines Heißluftballons völlig panisch. Sie kommen oft wie aus dem Nichts und machen ein ganz fürchterliches Geräusch, wenn der Brenner angeworfen wird. Gar nicht so selten ist nur dieses Zischen zu hören, aber von dem Ballon ist noch weit und breit nichts zu sehen. Wenn in Ihrer Nähe einmal der Start von Heißluftballonen angekündigt wird, sollten Sie also ruhig einmal mit dem kleinen Entdecker dorthin fahren und sich Aufbau und Start anschauen.

Die Gewöhnung an Heißluftballons gelingt, wenn Sie folgende Ratschläge beherzigen:

> Je größer die Entfernung zum Geschehen, desto weniger wird Ihr Hundewelpe gestresst.

> Sollten am Start viele Menschen sein, schauen Sie, dass das Ihren Welpen nicht überfordert. Belohnen Sie ruhiges Verhalten und gehen Sie, wenn der Kleine noch gut gelaunt ist.

> Begegnet Ihnen ein Heißluftballon beim Spaziergang, signalisieren Sie Ihrem Welpen, dass alles in Ordnung ist. Reden Sie ruhig und belohnen Sie neugieriges und ruhiges Verhalten.

Tipp

Panik kommt auf

Trösten Sie ihn nicht, sollte er sich erschrecken. Geben Sie ihm zu verstehen, dass alles in Ordnung ist, z. B. indem Sie ein lang gezogenes „Okay" sprechen. Lenken Sie seine Gedanken auf etwas anderes, z. B. ein Leckerchen, das Sie versteckt haben.

Auch hier ist es gut, den Menschen im Rücken zu haben. Das rege Treiben um ihn herum, macht dem Welpen so gar nichts aus.

Aus dem Auto guckend und gut gesichert, kann eine Fährfahrt genossen werden.

Eine ähnliche Wirkung können Modellflugzeuge auf Ihren Welpen haben. Gibt es keine derartigen Erkundungsmöglichkeiten in Ihrer Nähe, so können Sie den kleinen Tausendsassa zumindest an Flugobjekte gewöhnen, indem Sie eine Frisbee® oder ein Papierflugzeug über ihn hinwegsegeln lassen, am besten, wenn er gerade spielt.

Fähre oder Schiff fahren

Das sind ebenfalls neue Eindrücke für Ihren Welpen. Es macht einen Unterschied, ob Sie mit dem eigenen Auto oder zu Fuß unterwegs sind. Im Auto fühlt sich der Welpe meist sicher, sofern Sie das Autofahren bereits mit ihm geübt haben. So kann er sich in aller Ruhe mit den schwankenden Bewegungen, den merkwürdigen Geräuschen, der Enge um ihn herum vertraut machen.

Aha!

Rechtzeitig loben

Bereiten Sie sich darauf vor, dass fremde Menschen wie der Fährmann dicht an Ihr Auto herantreten werden. Geben Sie Ihrem Kleinen in dem Moment, wenn der Fremde ans Auto tritt, ein Leckerchen, sofern der Welpe noch ganz entspannt und ruhig ist. Loben Sie ihn nicht, wenn er bereits unruhig wird, oder sogar seinen Missmut äußert.

Sollten Sie zu Fuß auf eine Fähre oder ein Schiff gehen, so nehmen Sie sehr kleine oder zaghafte Welpen am besten zunächst auf den Arm.

Die Metallstege, Klappen und Böden sind mitunter für kleine Hundepfoten sehr gefährlich. Erst wenn Sie eine sichere Stelle abseits des Hauptverkehrsstromes gefunden haben, lassen Sie ihn das erste Mal den Boden spüren. Dafür ist es gut, wenn er bereits metallische Untergründe kennengelernt hat (siehe Seite 48). Achten Sie darauf, dass er keine negativen Erfahrungen macht. Sollte er sich erschrecken oder verletzen, könnte er dieses Erlebnis für immer mit diesem Umweltabenteuer verbinden.

Lassen Sie darum ihren Welpen alles nur an der Leine erkunden. Bleiben Sie fern von Gefahrenquellen wie beweglichen Rampen, Abgasanlagen, Ein- und Ausfahrzonen etc. Nehmen Sie ihn immer dann auf den Arm, wenn es gefährlich werden könnte, aber noch bevor der Welpe selbst Angstreaktionen wie Steifwerden oder Hecheln zeigt. Suchen Sie sich eine ruhige Ecke und genießen die Fahrt. Ihre Ruhe wird sich schon bald auf den kleinen Racker übertragen.

Seilbahnen und Gondeln

Einen Urlaub sollten Sie mit Ihrem Welpen noch nicht machen, denn er muss sich erst an seine neue Umgebung zu Hause gewöhnen. Gibt es jedoch in Ihrer Nähe Seilbahnen, so könnten Sie durchaus hierhin einen Ausflug machen, besonders, wenn Sie später häufiger damit fahren werden. Tabu sind allerdings offene Sessellifte. Meiden sollten Sie auch Fahrten auf zu große Höhen oder zu schnelle Bahnen:

Tipp

Wichtig

Dieses Umweltabenteuer empfiehlt sich nur für sehr selbstsichere und schon etwas ältere Welpen. Bestehen Unsicherheiten in Bezug auf Höhe, wackelige Untergründe etc., so wäre diese Erfahrung vermutlich zu viel für den Kleinen und schadet mehr als sie nützt.

Manche sehr schnell laufende Seilbahnen werden für Kleinkinder wegen möglicher Trommelfellschädigungen nicht empfohlen. Diese sind dann ebenfalls nichts für sehr junge Hunde.

Nicht alle Seilbahnbetreiber erlauben die Mitnahme von Hunden. In manchen geschlossenen Seilbahnen werden Hunde zwar mitgenommen, müssen aber unbedingt einen Maulkorb tragen. Wie das bei Welpen ist, erfragen Sie bitte vorab.

Überlegen Sie gut, ob dieses Umweltabenteuer sinnvoll ist. Aussteigen kann man nämlich nicht einfach, um die Fahrt abzubrechen. Überfordern Sie ihn nicht und betrachten die Seilbahnstation stattdessen lieber erst einmal aus der Ferne. Lassen Sie ihn die Abläufe und Geräusche kennenlernen.

Laubbläser und anderes furchteinflößendes Gerät

Kaum ein Mensch mag sie: die Laubbläser, die im Herbst die Gegend beschallen und einen Höllenlärm machen. Gewöhnen Sie Ihren vierbeinigen Freund an diesen Krach, aber bitte aus ausreichender Entfernung. Von Weitem tun die Geräusche nicht ganz so weh und die aufgewirbelten Blätter verleiten den Kleinen nicht direkt zum Hinterherrennen. Ähnlich furchteinflößend sind Pressluftḣämmer oder Trennscheibengeräte an Baustellen. Auch LKW, deren Ladung abgeladen wird. Seien Sie als umsichtiger „Fahrlehrer“ sehr aufmerksam und vermeiden Sie es unbedingt, sich in unmittelbarer Nähe aufzuhalten. Schlimm ist es für Welpen, wenn direkt neben ihnen ein solches Gerät oder eine Maschine gestartet wird. Panikreaktionen können die Folge sein. Sollte er wirklich einmal

Abgelenkt vom Spiel empfindet der Welpe Rasenmähergeräusche nicht als bedrohlich und gewöhnt sich an diese.

erschrecken, gehen Sie ruhig und gut gelaunt an der Geräuschquelle vorbei und bleiben in einiger Entfernung stehen, damit der kleine Angsthase das Ungetüm aus sicherer Entfernung betrachten kann. Reden Sie nicht auf ihn ein oder zeigen auf das, was ihn so erschreckt hat. Je weniger Aufhebens Sie machen, desto besser. So kann er aus sicherer Entfernung verarbeiten, was da gerade passiert ist und lernt aus Ihrer Reaktion, dass alles nicht schlimm ist.

Eine ähnliche extreme Wirkung haben auch Schussgeräusche. Bereiten Sie Ihren Welpen wie im Kapitel „So ein Krach" (siehe Seite 31) bereits zu Hause auf solche Geräusche vor. Sollte sich in Ihrer Nähe ein Schießstand befinden, so können Sie auf einem weiter entfernten Weg einmal daran vorbeigehen, wenn die Schützen dort üben. Hier gilt ebenfalls wieder: Kein Aufhebens darum machen und die einzelnen Schüsse gar nicht kommentieren. Belohnen Sie, wenn der Welpe keine Reaktion zeigt, indem Sie im Augenblick des Schusses ein Leckerchen geben.

Tipp

Richtiges Timing

Beim Belohnen für ruhiges Verhalten ist das Timing immens wichtig, ebenso sollte der Welpe in diesem Moment wirklich keinerlei Unsicherheiten zeigen. Nicht immer kann man als Halter eindeutig erkennen, wie es in dem Innersten des Tieres aussieht. Deshalb kann es manchmal besser sein, in solchen Momenten gar nicht zu loben als die kleinste Unsicherheit zu verstärken. Trösten Sie nicht bei Unsicherheiten, das könnte das Gefühl, das etwas ganz Schlimmes passiert, nur bestätigen.

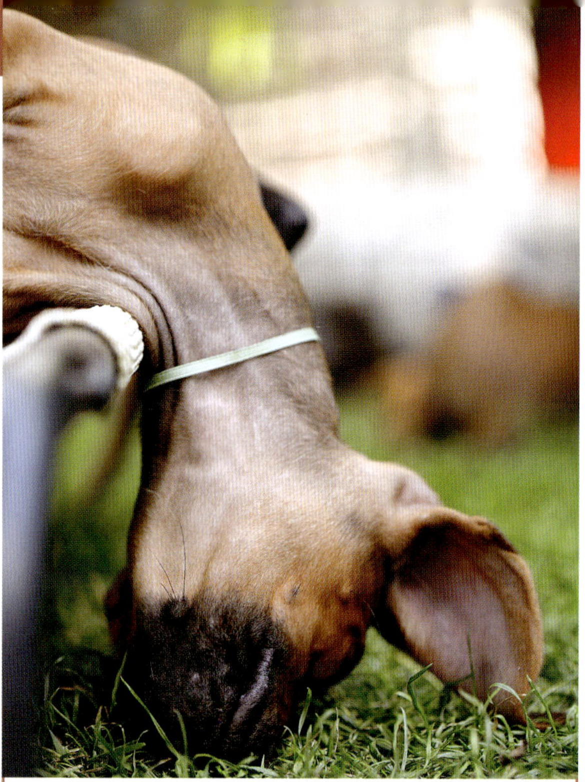

Hunde und Feuerwerk? Ein schwieriges Kapitel. Lernt der Welpe, dass nichts Schlimmes passiert, kann er vielleicht sogar ein Nickerchen machen.

Feuerwerke

Knallgeräusche sind auch das, was Feuerwerke so bedrohlich auf Hunde wirken lässt. Es gibt kaum einen Ort auf der Welt, an dem nicht mindestens einmal im Jahr, nämlich zum Jahreswechsel ein Feuerwerk gezündet wird. Für den Hund, der als Welpe nicht ausreichend auf diese Art der Geräusche vorbereitet wurde, könnten während eines solchen Ereignisses die schlimmsten Stunden voller Angst und Panik anstehen.

Deshalb sollte schon der Welpe unvorhersehbare Knallgeräusche erleben. Auf den Seiten 31 und 33 finden Sie Hinweise darauf, wie Ihr Welpe geräuschunempfindlicher werden kann.

Oftmals muss man gar nicht unbedingt bis Silvester warten, um dem Kleinen dieses Umweltabenteuer zu ermöglichen: Mittlerweile gibt es in vielen Städten und Gemeinden auch über das Jahr hinweg zahlreiche Feste, bei denen ein Höhenfeuerwerk abgeschossen wird. Informieren Sie sich darüber und binden Sie dieses in Ihre „Fahrstunden“ mit ein.

So erlebt Ihr Welpe ein Feuerwerk nicht als Bedrohung:

1 Suchen Sie einen relativ weit entfernten Ort auf, an dem die Zündgeräusche gerade noch zu hören sind und sich die Menschen nicht drängen.

2 Halten Sie den Welpen an der Leine und überprüfen Sie den Sitz des Halsbandes oder Geschirrs.

3 Warten Sie nicht angespannt auf das Feuerwerk, sondern gehen lieber in sicherer Entfernung zum Abschussort spazieren, so ist der Kleine mit Schnüffeln und Erkunden der Umgebung beschäftigt.

4 Lassen Sie den Welpen aus der Entfernung dem Spektakel zuschauen, aber machen Sie ihn nicht extra darauf aufmerksam, wenn er weiterschnüffeln will.

5 Achten Sie darauf, dass ansonsten nichts Aufregendes um ihn herum passiert, das ihn dann emotional überfordern würde.

Sie können Ihrem Welpen kaum einen größeren Gefallen tun, als ihn an ein Feuerwerk zu gewöhnen. Meist reicht eine einmalige Gewöhnung im Welpenalter jedoch nicht aus, um dauerhaft feuerwerkssicher zu sein. Auch mit dem Junghund sollten Sie immer wieder üben. Ablenkung und Spiel helfen, das Gehörte als weniger bedrohlich zu empfinden.

Für eine Urlaubsreise ist es zu früh. Einen Flughafen zu erkunden kann aber sinnvoll sein.

Am Flughafen

Selbst wenn Sie nicht vorhaben, regelmäßig mit Ihrem Hund in den Urlaub zu fliegen, so kann für den Welpen ein Flughafen ein ganz besonderes Umweltabenteuer darstellen. Von dem Besuch eines Großflughafens, womöglich noch zur Hauptreisezeit, sollten Sie jedoch Abstand nehmen.

Aha!

Nicht für alle

Ein solches Umweltabenteuer ist nur etwas für recht ausgeglichene Hunde. Nehmen Sie den Welpen zur Sicherheit auf den Arm, wenn Sie z. B. durch Schiebetüren oder über Laufbänder gehen.

Ähnlich wie bei dem Laufen durch eine Shoppingmall sollte die Verweildauer nicht zu lang ausfallen. Am besten setzen Sie sich mit dem jungen Vierbeiner in einen ruhigeren Bereich und lassen ihn das Treiben auf Ihrem Arm oder ganz nah an Ihrer Seite beobachten. Dabei nimmt er vor allem die unterschiedlichsten Menschen wahr, aber auch seltsame Geräusche und Gerüche. Wenn Sie bisher noch keine Gelegenheit hatten, mit ihm Aufzug zu fahren, können Sie es hier vielleicht einmal wagen.

Eine Alternative zu einem Linien- bzw. Charterflughafen sind regionale Segel- oder Motorflughäfen. Hier stehen wieder andere Aspekte der Umweltgewöhnung im Vordergrund: die landenden und startenden Maschinen. Meist geht es dort beschaulich zu und oftmals führen örtliche Spazier- oder Wanderwege um den Flugplatz herum. Wie immer geben Sie dem kleinen Racker

Alles wird nun immer selbstverständlicher. Der Welpe sammelt neue Eindrücke und versteht, dass er nicht ständig im Mittelpunkt steht.

einfach Gelegenheit, alles aus sicherer Entfernung zu beobachten.

Bitte beachten: Meiden Sie unbedingt Flugschauen oder andere Veranstaltungen auf dem Flughafengelände. Derartige Massenveranstaltungen sind nichts für Welpen!

Garten- und Landfeste

Nehmen Sie den kleinen Herumtreiber ruhig einmal auf ein Gartenfest mit, vorausgesetzt der Veranstalter erlaubt das Mitbringen von Hunden.

So kann der Kleine lernen, wie man sich auf einer solchen Veranstaltung benimmt. Die kurze Leine ist selbstverständlich, weshalb Ihr Leinentraining (siehe Seite 54) bereits gute Erfolge zeigen sollte. Bestimmt gibt es unterschiedliche Untergründe, wie Kies- oder Mulchwege, auf denen der Welpe umherlaufen kann. Bei Garten- und Landfesten gibt es zudem meist sehr viel zu sehen: Ausstellungsstücke, andere Tiere, viele verschiedene Menschen. Es erklingt Musik und überall riecht es wunderbar nach Essbarem. Damit der Welpe diese Veranstaltungen positiv erlebt, sollten Sie folgende Ratschläge beherzigen:

> Planen Sie einen Besuch ein, wenn es noch früh ist und nur wenige Besucher

Aha!

Welpen-Benimm

Der Welpe muss lernen, dass er sich in bestimmten Situationen angemessen verhalten muss und er eben nicht der „Nabel der Welt“ ist.

Was der Kleine wohl denkt? Lassen Sie ihm Zeit, das Erlebte zu verstehen und gehen Sie nach Hause, bevor es ihm zu viel wird.

dort sind. Halten Sie den Kleinen immer an der Leine.

> Seien Sie sein „Fahrlehrer“ und bestärken ihn, wenn er etwas gut macht. Vermeiden Sie, dass er Fehler machen kann, indem Sie vorausschauend reagieren.
> Gehen Sie nicht erst nach Hause, wenn Sie merken, dass der Kleine unruhig wird oder Zeichen von Nervosität zeigt. Der beste Zeitpunkt wäre, wenn er sich noch wohlfühlt.

Begegnungen mit anderen Hunden sind schön, dabei sollten aber andere Gäste nicht gestört werden. Lassen Sie kein Spiel an der Leine auf den Gehwegen oder an Durchgängen zu.

Verabreden Sie sich mit sympathischen Mensch-Hund-Teams lieber auf ein Wiedersehen in einer anderen Umgebung.

Aha!

Balkonien

Fernreisen tun dem Welpen nicht gut. Bleiben Sie im ersten Jahr besser in heimischen Gefilden und planen Sie Reisen ins Ausland zu einem späteren Zeitpunkt ein. Nichts spricht allerdings dagegen, einen Tagesausflug ans nahe Meer zu unternehmen.

Am Meer

Es ist kaum zu glauben, aber manche Hunde haben tatsächlich Angst vor dem Meer. Sie fürchten sich, wenn die Brandung auf sie zuströmt.

Um den Bewegungsapparat des Kleinen nicht zu überfordern, sollte er nicht zu lange Strecken durch den Sand laufen. Tragen Sie ihn lieber. Lassen Sie

Nicht jeder Welpe ist so schnell mit dem Meerwasser vertraut wie dieser Kumpel – lassen Sie ihm Zeit.

ihn aber auf jeden Fall Bekanntschaft mit trockenem und feuchtem Sand machen, den er vielleicht das erste Mal unter seinen Pfoten fühlt. Nur vorsichtig führen Sie ihn dann ans Meer heran, damit er sich nicht erschreckt. Beachten Sie unbedingt strandnahe Strömungen. Das Meerwasser sollte er keinesfalls trinken. Spielen Sie mit dem kleinen Entdecker vorwiegend dort, wo der Sand nicht zu tief ist. Das schont den Bewegungsapparat. Außerdem vermindert es die Gefahr, dass beim Aufnehmen des Spielgegenstandes versehentlich zu viel Sand verschluckt wird.

Beobachten Sie Ihren jungen Vierbeiner ganz genau: Wie reagiert er auf das nasse Element? Ist er neugierig, abwartend oder fürchtet er sich? Reagieren sie entsprechend und machen ihm Mut. Sollte er zu übermütig werden, bremsen Sie ihn, indem Sie mit ihm eine kurze Ruheübung einschieben. Zeigt er Angst, zwingen Sie ihn keinesfalls, seine Pfoten ins kühle Nass zu setzen. Vielleicht finden Sie eine seichte Wasserstelle, in der der Kleine – ganz ohne die „gefährlichen" Wellen – in Ruhe Freundschaft mit dem Meer schließen kann.

Auch ungewöhnliche Umweltabenteuer meistert er mit der Hilfe seines Menschen.

Service

Buchtipps

Allgemein

Bradshaw, J.: Hundeverstand. Kynos Verlag, Nerdlen/Daun, 2012

Kotrschal, K.: Wolf – Hund – Mensch. Die Geschichte einer jahrtausendealten Beziehung. Christian Brandstätter Verlag, Wien, 2012

Miklósi, Á.: Hunde. Evolution, Kognition, Verhalten. Kosmos Verlag, Stuttgart, 2011

Ohl, F.: Körpersprache des Hundes. Ausdrucksverhalten erkennen und verstehen. Verlag Eugen Ulmer, Stuttgart, 2013

Range, F.: Wie denken Tiere. Faszinierende Beispiele aus dem Tierreich. Verlag Carl Ueberreuter, Wien, 2009

Tomasini, M.: Das Leitwolf Training. Sprachfrei kommunizieren mit Hunden. Verlag Eugen Ulmer, Stuttgart, 2012

Voigt, K.: Jeder Hund kann an lockerer Leine gehen. Leinenführung leicht gemacht. Verlag Eugen Ulmer, Stuttgart, 2013

Voigt, K.: Jeder Hund kann stubenrein werden. So klappt's auch mit der Sauberkeit. Verlag Eugen Ulmer, Stuttgart, 2013

Voigt, K.: Jeder Hund kann alleine bleiben. Keine Angst vor dem Alleinsein. Verlag Eugen Ulmer, Stuttgart, 2013

Voigt, K.: Jeder Hund kann freudig zurückkommen. Rückruf-Training leicht gemacht. Verlag Eugen Ulmer, Stuttgart, 2013

Welpen

del Amo, C.: Welpenschule. Verlag Eugen Ulmer, Stuttgart, 2010

del Amo, C.: Trainingskarten für Welpen. Verlag Eugen Ulmer, Stuttgart, 2011

Führmann, P., Hoefs, N., Franzke, I.: Die Kosmos Welpenschule. Kosmos Verlag, Stuttgart, 2012

Lübbe-Scheuermann, P. und Loup, F.: Unser Welpe. Auswahl und Eingewöhnung, Erziehung und Beschäftigung. Kosmos Verlag, Stuttgart, 2012

Sundance, K.: 51 Tricks für junge Hunde. Spiel und Spaß für Welpen und Junghunde. Verlag Eugen Ulmer, Stuttgart, 2012

Klicks im WWW

Website der Autorin

www.forum-mensch-hund.de

Tierregistrierung

www.tasso.net
www.tierregistrierung.de
www.registrier-dein-tier.de

Hundeerziehung

www.bhv-net.de

Gesundheit

www.tieraerzteverband.de
www.giftpflanzen.ch

Bildquellen

Alle Fotos im Innenteil und das Titelbild stammen von Heike Schmidt-Röger.

Register

Die in diesem Buch enthaltenen Empfehlungen und Angaben sind von der Autorin mit größter Sorgfalt zusammengestellt und geprüft worden. Eine Garantie für die Richtigkeit der Angaben kann jedoch nicht gegeben werden. Autorin und Verlag übernehmen keinerlei Haftung für Schäden und Unfälle. Der Leser sollte bei der Anwendung der in diesem Buch enthaltenen Empfehlungen sein persönliches Urteilsvermögen einsetzen.

Impressum

Bibliografische Information der Deutschen Nationalbibliothek
Die Deutsche Nationalbibliothek verzeichnet diese Publikation in der Deutschen Nationalbibliografie; detaillierte bibliografische Daten sind im Internet über http://dnb.d-nb.de abrufbar.

Wollgrasweg 41, 70599 Stuttgart (Hohenheim)
E-Mail: info@ulmer.de
Internet: www.ulmer.de

Lektorat: Kathrin Gutmann, Gabi Franz
Herstellung: Larissa Lindauer
Umschlagentwurf: Christina Schaal, Reutlingen
Druck und Bindung: Westermann Druck, Zwickau
Printed in Germany

ISBN 978-3-8001-7993-0